H. Joachim Schlichting

Wenn der Pool ins Schwimmen gerät

H. Joachim Schlichting

Wenn der Pool ins Schwimmen gerät

Physikalische Alltagsphänomene

Für Julie, Julia und Jan

Die Deutsche Nationalbibliothek verzeichnet diese Publikation in der Deutschen Nationalbibliografie; detaillierte bibliografische Daten sind im Internet über http://dnb.dnb.de abrufbar.

Die Herausgabe des Werkes wurde durch die Vereinsmitglieder der WBG ermöglicht.
Gedruckt auf säurefreiem und alterungsbeständigem Papier
Einbandgestaltung: Jutta Schneider, Frankfurt
Foto: picture alliance/Aflo
Abbildungen im Buch: Abb. 17: nach Lee et al. 2004; Abb. 93: picture alliance/Artcolor; Kapitelaufmacher auf S. 11, 69, 87, 109, 125: schreiberVIS, Bickenbach; Grafiken: schreiberVIS, Bickenbach; alle anderen Abb.: Hans Joachim Schlichting
Layout und Prepress: schreiberVIS, Bickenbach
Redaktion: Dr. Anna Schleitzer
Printed in Germany
www.primusverlag.de
ISBN: 978-3-86312-017-7

Lizenzausgabe für die WBG
(Wissenschaftliche Buchgesellschaft), Darmstadt
Umschlaggestaltung der WBG-Lizenzausgabe:
Peter Lohse, Heppenheim
Umschlagabbildung der WBG-Lizenzausgabe:
Tautropfen, in denen sich Blumen spiegeln;
Oregon, USA © Craig Tuttle/Corbis
www.wbg-wissenverbindet.de
ISBN: 978-3-534-23965-8

Inhalt

Ungewöhnliches im Gewöhnlichen entdecken 7

In der Stadt 11

Schatten sind mehr als Löcher im Licht 12
Schatten sind keine Spiegelbilder 16
Kugelleuchte mit schwebender Lichtkugel 20
Die Unendlichkeit ist grün 22
Lichtkreuze in Lichtkreisen 24
Wärmebilder einmal anders 26
Täuschende Perspektiven 28
Irisierende Farben auf regennasser Straße 30
Schneemuster auf Pflastersteinen 32
Mobile Schönheiten bei Licht besehen 34

Auf dem Land 37

An den Kirschbäumen schimmern rote Lampen 38
Heimliche Begleiter in freier Natur 40
Sonnentaler – Bilder der Sonne 42
Der Heiligenschein in Natur und Technik 44
Regenbogen im Spinnennetz 48
Selbstreinigende Pflanzenblätter 50
Strukturen im Sand – Äolische Formen 54
Konkav/Konvex: So kann man sich täuschen 58
Blätter mit kristallenen Rändern 60
Die Farben des Schnees 62
Aufrechte Eiszapfen – eine seltene Spezies 64
Glitzernde Tautropfen in der Morgensonne 66

Im Haus 69

Aus eins mach drei 70
Farbringe auf verschmutzten Fensterscheiben 72
Ein Weinglas vor dem Monitor 74
Eine Welt im Tröpfchen 76
Fenster – Rutschbahnen für Wassertropfen 78
Eisblumen am Fenster – eine bedrohte Art 80
Fliegen in irisierender Farbenpracht 82
Unerwartete Farben in transparenter Blumenfolie 84

Am Wasser 87
Seltsame Schattenlinien 88
Farbige Netzwerke im Wasser 90
Farbige Schattensäume im Wasser 92
Ein strahlenförmiger Heiligenschein 94
Moderne Kunst im Hafenbecken 97
Wellenringe lassen tief blicken 100
Wenn der Pool ins Schwimmen gerät 102
Farben feiner Risse 104
Das Schwert der Sonne. 106

In der Luft 109
Wenn virtuelle Sonnenstrahlen real werden 110
Die Sonne führt ihre Hunde aus 112
Weiße Federn im blauen Himmel 114
Sonne und Vollmond in trauter Eintracht 116
Vollmond in farbiger Dämmerung. 118
Spurenlesen am Himmel 120
Rote Sonne, blaue Berge 122

Anhang
Literatur 125

Ungewöhnliches im Gewöhnlichen entdecken

Physik zeigt uns nicht nur das, was wir noch nicht kennen, sondern auch das, was wir tagtäglich sehen, so, wie wir es noch nicht kennen. In diesem Sinne möchte die vorliegende Sammlung von Alltagsphänomenen dazu beitragen, Alltägliches unter physikalischer Perspektive sehen zu lernen.

Denn das Physikalische ist dem Alltäglichen nicht gleichsam ablesbar einbeschrieben: Weder sieht man Licht direkt an, dass es eine elektromagnetische Welle ist, noch weisen die Farben in einer unmittelbar sichtbaren Weise eine Wellenlänge auf.

Wenn von Alltagsphysik die Rede ist, wird oft stillschweigend unterstellt, dass es sich um Physik *light* handelt, weil man mit den Gegenständen des Alltags bereits vertraut zu sein meint. Doch darin liegt gerade das Problem: „Wir wollen etwas verstehen, was schon offen vor unsern Augen liegt. Denn das scheinen wir, in irgendeinem Sinne, nicht zu verstehen" (Wittgenstein 2001, 801). Das vermeintlich Einfache entpuppt sich bei näherem Hinsehen als etwas „Unfassbares". Alltagsgegenstände gehören wie eine vertraute Tapete zu unserer Lebenswelt und werden meist unhinterfragt akzeptiert. Vertrautes gibt weder Anlass zu Neugier (worauf auch?), noch fordert es zu Fragen heraus. Diese Einsicht ist nicht neu. Schon Leibniz umschrieb sie: „Wir sind fortwährend von Gegenständen umgeben, die auf unsere Augen und Ohren einwirken ...; wir geben jedoch, weil unsere Aufmerksamkeit von den anderen Gegenständen in Anspruch genommen ist, auf sie nicht früher acht, als bis der Gegenstand durch eine Steigerung seiner Wirksamkeit oder durch irgendeine andere Ursache stark genug wird, die Aufmerksamkeit auf sich zu ziehen" (Leibniz 1873, 87).

Indem wir mit ausgewählten fotografisch dokumentierten Situationen versuchen, das Vertraute in einem unvertrauten Zusammenhang zu zeigen, möchten wir die Neugier wecken und mit physikalischen Beschreibungen das Neue im Alten – bzw. das Ungewöhnliche im Gewöhnlichen – sichtbar werden lassen. Dabei versuchen wir, die Beschreibungen so einfach wie möglich zu halten, aber nicht einfacher, wie es Einstein einmal ausgedrückt hat. Ihm folgen wir auch in dieser Ansicht: „Ich halte es für besonders wichtig, dass sich ein junger Geist zunächst seinen Weg in der Welt der Phänomene sucht und ihm Formeln ganz und gar erspart bleiben."

Der Physik wird oft vorgeworfen, die Welt zu entzaubern, so als würde eine physikalische Beschreibung den erklärten Sachverhalten etwas nehmen. Wir versuchen zumindest implizit zu zeigen, dass die Entdeckung von faszinierenden Aspekten alltäglicher Erscheinungen mit Hilfe der Physik auch als eine Art Wiederverzauberung gesehen werden kann. Kein Geringerer als Johann Wolfgang von Goethe stellt in diesem Zusammenhang klar: „Das Schönste ist eine Manifestation geheimer Naturgesetze, die uns ohne dessen Erscheinung ewig wären verborgen geblieben" (Goethe 1960, 502). Und wenn Marie von Ebner-Eschenbach sagt: „Was uns an der sichtbaren Schönheit entzückt, / ist ewig nur die unsichtbare" (Ebner-Eschen-

> Ich suchte nach einer neuen Welt jenseits der schalen Patina, die alles überzog, ich spähte nach jedem Anzeichen, jedem Schimmer ...
>
> *Italo Calvino*

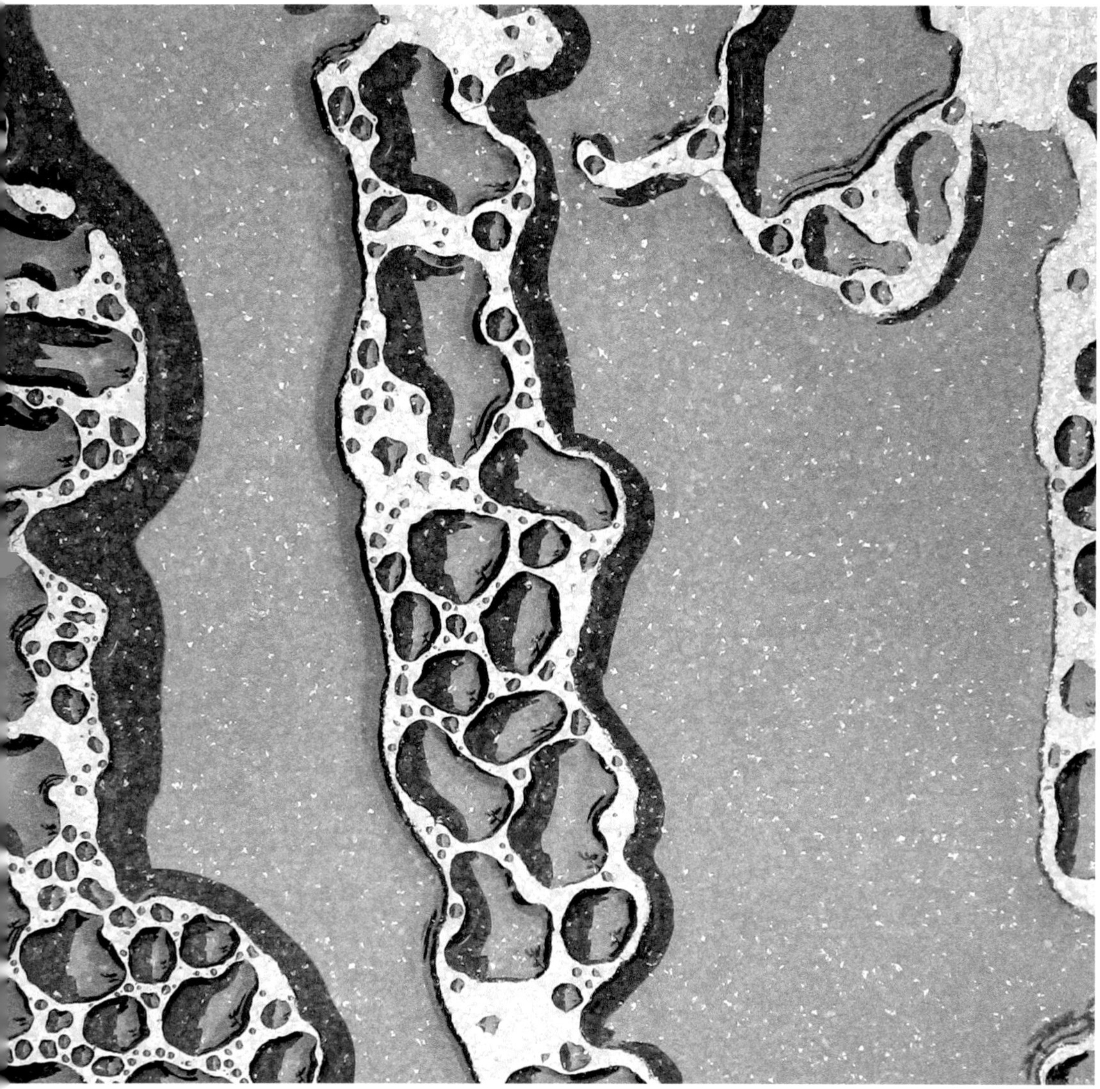

1 Sind diese nach einem Regenguss auf einer polierten Granitbank entstandenen Strukturen schön, weil sie an ein Kunstwerk erinnern oder weil man in ihnen ein natürliches Extremalprinzip wirken sieht?

BACH 2002, 3), dann weist auch sie darauf hin, dass man sich die Schönheit der Dinge und Geschehnisse „erarbeiten“ muss.

Das soll nicht heißen, dass Schönheit nur über die Aufdeckung von tiefer liegenden Strukturen im Bild oder im Betrachter zugänglich ist, aber bei der Betrachtung als schön empfundener Dinge wird einiges mitgedacht, das nicht im Bild selbst vorhanden ist. „Wie die Natur gerade dann schön ist, wenn sie wie Kunst aussieht (dabei aber als Natur erkennbar bleibt), muß die Kunst wie Natur aussehen (und zugleich als Kunst erkennbar bleiben). Die Natur ist schön, wenn sie so wirkt, als sei sie absichtlich in dieser Weise geschaffen worden, die Kunst hingegen, wenn sie scheinbar absichtslos daherkommt, also so, daß man ihr keine Schulform und keinen Regelzwang ansieht“ (HAUSKELLER 1998, 37).

Mit Hilfe von Bezügen zu anderen Lebensbereichen wie der Kunst und der Literatur soll in den einzelnen Beiträgen darüber hinaus angedeutet werden, dass Alltagsphänomene auch faszinierende außerphysikalische Aspekte aufweisen. Viele Schriftsteller haben sich von Alltagsphänomenen beeindrucken und inspirieren lassen. Sie haben die Phänomene genutzt, um Stimmungen zu erzeugen, oder als metaphorische Umschreibung von Gefühlen und Seelenzuständen. Und manchmal genügt die Betrachtung alltäglicher Dinge, um Menschen zu erfreuen. Das Wissen um den physikalischen Hintergrund muss dabei in keiner Weise störend sein:

„Ich ging eines Tages an den Ufern der Aisne entlang, und eine Qual ohne Maß und ohne Grund hatte mich gepackt. Mir schien, als könnte ich nie wieder fröhlich werden. Das Bild einer Brücke im Wasser gab mir plötzlich Vertrauen zu mir selbst und führte zur Freude zurück. Es war doch eigentlich nur ein Reflex im Wasser, aber glaubt niemals denen, die euch sagen werden, daß es nur ein Reflex war“ (DUHAMEL 1922, 168).

Bei der Auswahl der Beiträge haben wir – wenn möglich – ästhetisch ansprechende Motive gewählt und schließen uns damit dem Physiker Hermann Weyl an, der einmal sagte: „Bei meiner Arbeit habe ich immer versucht, das Wahre mit dem Schönen in Einklang zu bringen; aber wenn ich mich für eines von beiden zu entscheiden hatte, dann habe ich gewöhnlich das Schöne gewählt“ (WEYL 2001, 211). Darüber hinaus wurden Phänomene in den Vordergrund gestellt, die weder als Naturphänomen bekannt sind, noch zum Stoffplan des Physikunterrichts an allgemeinbildenden Schulen gehören. Vieles von dem haben die meisten Menschen zwar bereits gesehen in dem Sinne, dass ihre Netzhäute davon belichtet wurden, aber nicht in dem Sinne, dass ihr Geist verständnisvoll und interessiert hinter den Netzhäuten stand und versucht hätte zu erkennen, was da gesehen wurde. Vieles wird daher neu erscheinen, auch wenn die Physik oft erstaunlich einfach und bekannt sein dürfte.

Der physikalischen Fachsystematik nach stehen optische Phänomene im Vordergrund, was sich aus der Affinität zwischen optischen Erscheinungen und der Dokumentation durch

2 Wie eng Alltagsphänomene und Kunst zusammenhängen, zeigt diese Aufnahme aus der Hamburger Kunsthalle. Ob die Architekten an diesen Aspekt gedacht haben?

Fotos erklären lässt. Geordnet wurden sie relativ willkürlich nach den Lebensbereichen: In der Stadt, Auf dem Land, Im Hause, Am Wasser und In der Luft. Die Beiträge müssen nicht in der von uns vorgegebenen Reihenfolge gelesen werden. Die Beschreibungen wurden so konzipiert, dass jede für sich verständlich sein sollte. Gewisse Wiederholungen in den physikalischen Erklärungen wurden daher in Kauf genommen. Auf Bezüge zwischen den verschiedenen Themen wird in den Texten hingewiesen. Die Leserin und der Leser sollen die Freiheit haben, an irgendeiner Stelle „einzusteigen“ und sich vielleicht von den Bildern leiten zu lassen. Die Fotos stammen durchweg vom Autor; sie wurden mit einer einfachen Digitalkamera aufgenommen. Ganz abgesehen davon, dass viele Aufnahmen Schnappschüsse sind und kaum oder nur mit Verlust an Authentizität hätten nachgestellt werden können, ging es darum, die Phänomene so zu zeigen, wie man sie in „freier Natur“ erfahren kann.

Ich hoffe, dass Sie beim Lesen, Schmökern, Betrachten Spaß haben werden und sich vielleicht anregen lassen, eigene Entdeckungen im Alltag und in der Natur zu machen.

H. Joachim Schlichting

In der Stadt

Schatten sind mehr
als Löcher im Licht

Schatten sind
keine Spiegelbilder

Kugelleuchte mit
schwebender Lichtkugel

Die Unendlichkeit
ist grün

Lichtkreuze in
Lichtkreisen

Wärmebilder
einmal anders

Täuschende
Perspektiven

Irisierende Farben
auf regennasser Straße

Schneemuster
auf Pflastersteinen

Mobile Schönheiten
bei Licht besehen

Schatten sind mehr als Löcher im Licht

Optisch gesehen sind Schatten Löcher im Licht. Ein Gegenstand blendet das Licht aus und hinterlässt im Idealfall einen lichtfreien Raum und eine Projektion auf einer Fläche, die die Umrisse des Gegenstands abbildet. Reale Schatten sind in der Regel nicht vollständig dunkel, weil sie noch von weniger auffälligen Lichtquellen beleuchtet werden.

Schatten werden von jeher als Gegenspieler des Lichts angesehen. Während die Sonne als universelle Lichtquelle für das Leben in vielen seiner Facetten und im übertragenen Sinne für Aufklärung steht, bleibt dem Schatten in den meisten Fällen nur die Repräsentation der nicht minder vielfältigen Gegenwelten bis hin zum Schattenreich der Toten. Überhaupt ist die reichhaltige Metaphorik der Schatten überwiegend negativ konnotiert (Schattendasein, Schattenwirtschaft, Reich der Schatten ...). Andererseits sind Licht und Schatten wie viele andere Gegensatzpaare auch untrennbar miteinander verbunden. Wer wie Peter Schlemihl aus Adelbert von Chamissos Märchenerzählung (1986) seinen Schatten an den Teufel verkauft, wird seines Lebens nicht mehr froh.

Über die Bedeutung der Schatten ist viel geschrieben worden. Allerdings kommen dabei die Schattenphänomene in ihrer natürlichen Komplexität, wie sie nur der reale Alltag zu bieten hat, viel zu kurz. Denn es wird allgemein unterstellt, dass – wenn man nur über die physikalischen Grundlagen verfügte – sich die Schattenphänomene gewissermaßen von selbst erschließen würden. Die Beherrschung der physikalischen Grundlagen nützt jedoch wenig, wenn man nicht gelernt hat, diese in realen – und das heißt nichtidealen – Kontexten anzuwenden: Es gibt zahlreiche verblüffende Situationen, die sich einem nicht sofort erschließen. Außerdem geht es uns um nichtphysikalische Aspekte, wie etwa der Schönheit, die „nicht in den Objekten selber zu suchen (sind),

sondern im Helldunkel, im Schattenspiel, das sich zwischen Objekten entfaltet. Gerade wie ein phosporeszierender Stein, der im Dunkel glänzt, aber bei Tageshelle, jeglichen Reiz als Juwel verliert, so gibt es … ohne Schattenwirkung keine Schönheit“ (Jun'ichiro 1987, 53).

Es gibt Situationen, in denen man mehrere Schatten seiner eigenen Person sieht. Das ist in einer Welt, in der es nur so von Lichtquellen wimmelt, nicht weiter erstaunlich. Man denke nur an einen nächtlichen Spaziergang unter Laternen oder an ein Fußballspiel unter einer Flutlichtanlage mit mehreren Scheinwerfern. Wenn ein solcher zweiter Schatten aber selbst im Schatten zu sehen ist und dieser auch noch in eine ganz andere Richtung fällt, als aufgrund des Sonnenstandes zu erwarten wäre, kommt man leicht ins Grübeln.

Ein zweiter Schatten bedeutet zunächst, es muss eine wie auch immer geartete zweite Lichtquelle vorhanden sein. Im vorliegenden Fall 4 musste sich der lebendige Schattenwerfer nur umschauen, um von den beiden Lichtquellen geblendet zu werden. Er blickt gleichzeitig in die bereits tief stehende Sonne und das Spiegelbild der Sonne in einem Fenster. Das Sonnenlicht fällt unter großem Einfallswinkel auf das Fenster und wird unter großem Reflexionswinkel reflektiert, insgesamt also nur unter kleinem Winkel aus der ursprünglichen Richtung abgelenkt. Man

Wo viel Licht ist, ist großer Schatten

Johann Wolfgang von Goethe

3 Schatten in verschiedenen Variationen.

4 Links im Bild ein einfacher Schatten, rechts ein Schatten im Schatten.

kann demnach zwei Schatten erwarten, die nicht weit voneinander entfernt sind.

Doch in den meisten Fällen wird man den Sekundärschatten kaum zu Gesicht bekommen, weil er auf eine Fläche fällt, die vom direkten Sonnenlicht voll ausgeleuchtet wird. Der Schatten würde die Helligkeit gerade einmal um den relativ geringen Betrag vermindern, der durch das zusätzlich an der Fensterfront gespiegelte Sonnenlicht hinzukommt.

Besser wäre es, den Sekundärschatten in einem Bereich zu beobachten, in den kein direktes Sonnenlicht hinkommt, also im Schatten, der durch einen beliebigen Gegenstand geworfen wird. Doch ergäbe sich dann nicht das Problem, dass dort, wo bereits Schatten ist, ein weiterer Schatten keinen großen „Eindruck“ machen würde? Wie man sich jedoch leicht klarmacht, ist der Schatten ja nur ein Loch im reflektierten Licht, das in den Schatten eines Gebäudes fällt. Dadurch wird dieser Schatten etwas aufgehellt. Und innerhalb dieser Aufhellung gibt es einen Bereich von der Gestalt des im Wege stehenden Fotografen, der nicht aufgehellt wird. Und das ist genau der Schatten im Schatten, dessen Ursprung wir hiermit gefunden haben.

Mit Wasser lassen sich nicht nur Brände löschen, sondern auch Schatten. Jedenfalls kann eine Wasserlache einen Schatten weitgehend zum Verschwinden bringen 5. Die Wasserlache zeigt in etwa denselben Helligkeitsgrad außerhalb wie innerhalb des Schattens.

Betrachten wir das Szenario genauer, so fällt zunächst auf, dass der benetzte Asphalt etwa gleich hell erscheint wie der trockene, wenn nicht sogar heller. Das ist insofern erstaunlich, als das Licht von beiden Stellen auf ganz unterschiedliche Weise ins Auge gelangt.

5 „Schattenlöschen“ mit Wasser.

Für Julie, Julia und Jan

Die Deutsche Nationalbibliothek verzeichnet diese Publikation in der Deutschen Nationalbibliografie; detaillierte bibliografische Daten sind im Internet über http://dnb.dnb.de abrufbar.

Die Herausgabe des Werkes wurde durch die Vereinsmitglieder der WBG ermöglicht.
Gedruckt auf säurefreiem und alterungsbeständigem Papier
Einbandgestaltung: Jutta Schneider, Frankfurt
Foto: picture alliance/Aflo
Abbildungen im Buch: Abb. 17: nach Lee et al. 2004; Abb. 93: picture alliance/Artcolor; Kapitelaufmacher auf S. 11, 69, 87, 109, 125: schreiberVIS, Bickenbach; Grafiken: schreiberVIS, Bickenbach; alle anderen Abb.: Hans Joachim Schlichting
Layout und Prepress: schreiberVIS, Bickenbach
Redaktion: Dr. Anna Schleitzer
Printed in Germany
www.primusverlag.de
ISBN: 978-3-86312-017-7

Lizenzausgabe für die WBG
(Wissenschaftliche Buchgesellschaft), Darmstadt
Umschlaggestaltung der WBG-Lizenzausgabe:
Peter Lohse, Heppenheim
Umschlagabbildung der WBG-Lizenzausgabe:
Tautropfen, in denen sich Blumen spiegeln;
Oregon, USA © Craig Tuttle/Corbis
www.wbg-wissenverbindet.de
ISBN: 978-3-534-23965-8

H. Joachim Schlichting

Wenn der Pool ins Schwimmen gerät

Physikalische Alltagsphänomene

Der raue Boden reflektiert das flach einfallende Sonnenlicht diffus in alle Richtungen und ein Teil davon fällt in unsere Augen. Demgegenüber wird das Sonnenlicht auf der glatten Wasseroberfläche spiegelnd gemäß „Einfallswinkel = Reflexionswinkel" reflektiert. Aber davon sehen wir nichts, auch außerhalb des beschatteten Bereichs nicht. Denn wie der Schatten der Person zu erkennen gibt, kann das Sonnenlicht gar nicht in unsere Augen gespiegelt werden. Die Wasserfläche müsste daher eigentlich dunkler erscheinen, als sie tatsächlich ist. Wie der blaue Glanz zeigt, reflektiert die Wasseroberfläche Licht einer ganz anderen Lichtquelle in unsere Augen: das Licht des hellen Himmels. Der Himmel wirkt wie eine indirekte Beleuchtung und erhellt daher auch jenen Bereich, in den kein direktes Sonnenlicht gelangt.

Nun könnte man dagegen einwenden, dass nicht nur die Wasserfläche vom Himmel beleuchtet wird, sondern auch das übrige Gebiet. Richtig! Doch während das Himmelslicht – abgesehen von Absorptionsverlusten – auf dem rauen Asphaltboden diffus reflektiert wird und daher nur wenig Licht ins Auge gerät, kommt es auf der Wasseroberfläche zu einer spiegelnden Reflexion des Himmelslichts in voller Intensität.

Angesichts der Tatsache, dass es hier zu einer spiegelnden Reflexion des Himmelslichts kommt, ist zu fragen, ob wir also gerade im richtigen Winkel zum Himmel stehen. Die Antwort lautet: ja. Denn abgesehen von Sichtblenden wie Gebäuden u. Ä. kann der Himmel im Vergleich zur Sonne (die nur einen Winkelbereich von ca. 0,5° am Himmel besetzt) als nahezu unbegrenzt angesehen werden. Und daher findet sich – wie wir auch stehen mögen – fast immer eine Himmelsregion, aus der das Licht im richtigen Winkel auf der Wasseroberfläche eintrifft.

Das legt den Gedanken nahe, die Situation aus einer Perspektive zu betrachten, in der das Sonnenlicht spiegelnd von der Wasseroberfläche zum Betrachter reflektiert wird. Begibt man sich an die passende Stelle, so

6 Schatten auf dem Wasser.

ergibt sich der in Abbildung **6** dargestellte Anblick: Die Wasserschicht flammt im gleißenden Licht der Sonne geradezu auf. Außerdem ist deutlich zu erkennen, dass in diesem Fall der Schatten nicht ausgelöscht wird. Denn im Schatten kann das Sonnenlicht natürlich nicht reflektiert werden.

Wenn schon kein Sonnenlicht in den Schattenbereich gelangt, müsste dann nicht an dieser Stelle die Aufhellung durch das Himmelslicht zu sehen sein? Natürlich nicht, denn der Himmelsausschnitt, der gemäß „Einfallswinkel = Reflexionswinkel" Licht ins Auge spiegeln könnte, ist ja gerade der kleine Bereich, aus dem die Sonne strahlt. Es ist schwierig, die Helligkeit des Asphalts in den Abbildungen **5** und **6** zu vergleichen, weil durch die automatisch gemittelte Belichtungszeit der Kamera der Boden in Abbildung **6** dunkler erscheint, als er in Wirklichkeit ist.

Diese Phänomene zeigen, dass Schatten mehr ist als bloße Finsternis. „Schatten ist Vermischung von Finsternis mit Licht und wird von größerer oder geringerer Dunkelheit, je nachdem das Licht, das sich mit ihm mischt, von geringerer oder größerer Kraft ist" (DA VINCI 1885, S. 76).

Schatten sind keine Spiegelbilder

Ein ebener Spiegel reflektiert alles auftreffende Licht und zeigt eine täuschend echt aussehende, aber „spiegelverkehrte“ Welt. Bei diffuser Reflexion wird ein Teil des Lichts absorbiert und das restliche, oft farbige Licht in alle Richtungen gestrahlt. An alltäglichen Objekten, die zugleich diffus und spiegelnd reflektieren, beobachten wir oft merkwürdige Phänomene, die unsere physikalische Intuition herausfordern.

Auf dem Düsseldorfer Flughafen sprach mich eine ältere Dame an, die sich an einem der Pfeiler in Abbildung 7 abstützte. Sie bat mich, sie zum Schalter zu geleiten, weil sie mit den Stufen des Bodens nicht zurechtkomme. Als sie sich dann bei mir einhakte und ich sie sicher über die vermeintlichen Klippen der Spiegelwelt unterhalb des Fußbodens hinweg führte, kam ich fast selbst ins Stolpern: Ich wurde mir plötzlich der Spiegelwelt bewusst, die sich wie eine mehr oder weniger tiefe Schlucht unter meinen Füßen auftat.

Natürlich handelt es sich bei einem spiegelblanken Fußboden nicht um einen perfekten Spiegel, obwohl die spiegelnde Reflexion – wie diese Begebenheit zeigt – täuschend gut sein kann. Neben der spiegelnden Reflexion tritt nämlich wie bei allen matten, nicht glänzenden Gegenständen auch die diffuse Reflexion auf. Durch sie sehen wir den Gegenstand überhaupt erst. Demnach wird bei allen nicht perfekt weißen Gegenständen ein Teil aus dem Spektrum des Lichts absorbiert und der Rest diffus in alle Richtungen reflektiert. Dadurch erhalten die Gegenstände ihre typische Farbe.

Beim vorliegenden Fußboden kann man genau erkennen, wie sich das Zusammenspiel von spiegelnder und diffuser Reflexion auswirkt. Helle Gegenstände – wie die Deckenbeleuchtung oder die rote Fläche im Hintergrund – machen sich als Spiegelungen bemerkbar; sie überstrahlen die diffuse Reflexion, so dass an bestimmten Stellen von der Farbe des Fußbodens kaum noch etwas zu sehen ist. In Bereichen, in denen so gut wie kein Licht spiegelnd

7 Der Fußboden ist völlig eben und mit gleichartigen Fliesen belegt, auch wenn es ganz anders aussieht.

8 Der Raum ist nur halb so hoch, wie er scheint, weil die Spiegelwelt unter dem glatten schwarzen Fußboden hinzukommt.

reflektiert wird, weil ihnen dunkle Gegenstände gegenüber liegen – beispielsweise die dunklen Deckenflächen –, dominiert die diffuse Reflexion, und wir sehen den Fußboden weitgehend in seiner natürlichen Farbe. Wenn beide Reflexionsarten etwa gleich stark ausgeprägt sind, wie bei der Reflexion des Lichts der weißen Deckenteile, wird der Fußboden aufgehellt. Wie man sehr gut an den Fliesenfugen erkennen kann, ist diese Aufhellung keineswegs durch hellere Fliesen bedingt. Nimmt man eine andere Beobachterposition ein, verschiebt sich diese Aufhellung entsprechend.

Da sich rein optisch gesehen gespiegelte Gegenstände genauso weit hinter dem Spiegel befinden wie die Originalgegenstände davor, vermitteln die höheren Deckenteile den Eindruck einer größeren Tiefe als die niedrigen. Das war genau das Problem der älteren Dame, die – den Blick auf den Fußboden fixiert – Schwierigkeiten hatte, die vermeintlichen Stufungen und Tiefen als virtuell zu erkennen. Bei durchgehend glatten schwarzen Fußböden erkennt man zumindest aus einem bestimmten Abstand kaum noch etwas vom Fußboden und gewinnt den Eindruck eines doppelt so hohen Raums. Die wahren Verhältnisse erkennt man an den Personen im Hintergrund, die auf halber Höhe zu schweben scheinen **8**. Zum Glück haben die modernen Menschen gelernt, mit diesen optischen Täuschungen zurechtzukommen.

Dass der Fußboden das Licht sowohl spiegelnd als auch diffus reflektiert, hat einige weitere merkwürdige Konsequenzen. Schaut man sich das Foto einer Person **9** an, so erkennt man zwei Abbilder auf dem Boden. Auf den ersten Blick ist man vielleicht geneigt zu glauben, zwei Schatten zu sehen. Jedenfalls haben beide Abbilder das typische strukturlose monochrome Aussehen von Schatten. Auf den zweiten Blick entdeckt man jedoch, dass eines der Abbilder das Spiegelbild der Person darstellt.

9 Zwei Abbilder einer Person. Handelt es sich um Spiegelbilder, um Schatten oder um beides? Während die Schatten der Pfeiler auf dem Boden liegen, ragen deren Spiegelbilder in den Boden hinein.

Die Ähnlichkeit mit dem Schatten verdankt sich allein der Tatsache, dass die gespiegelte Seite der Person im Schatten der Sonne liegt und daher von dort kaum Licht ausgesendet wird, das die Farbe und Struktur der Person zu erkennen gibt. Und das Spiegelbild kann natürlich nicht von besserer Qualität sein als das entsprechende Original.

Was sind die wesentlichen Unterschiede zwischen Schatten und Spiegelbild? Anders als ein Schlagschatten, der flach auf dem Boden liegt, scheint ein Spiegelbild in den fiktiven Spiegelraum unterhalb des Bodens hineinzuragen ➲ 9. Der Schatten ist demgegenüber ein Loch in der Projektion des Lichts auf eine Fläche. Seine Lage ist festgelegt durch die relative Lage von Schattengeber und Lichtquelle. Er kann aus jeder Position wahrgenommen werden, während ein gegebenes Spiegelbild nur von einem bestimmten Punkt aus gesehen wird. Verändert man seine Position gegenüber dem Spiegel, so kommt ein anderes Spiegelbild bzw. im vorliegenden Fall ein anderer Ausschnitt der gespiegelten Person ins Blickfeld.

Um den Unterschied zwischen Schatten und Spiegelbild präziser einschätzen zu können, betrachten wir statt der Person die Abbilder der senkrechten Elemente des Fensterrahmens. Wegen ihrer konstanten Breite stellen sie so etwas wie invariante Vergleichsmaßstäbe dar. An der perspektivischen Verkürzung der Abbilder ist ihr Ursprung zu erkennen: Der Schatten scheint mit zunehmender Entfernung vom Beobachter schmaler zu werden. Das Spiegelbild verhält sich auf den ersten Blick genau umgekehrt. Da es aber, anders als der Schatten, nicht auf dem Boden „liegt", sondern in die unter dem Boden gelegene Spiegelwelt hineinragt, entfernt es sich vom Beobachter und erscheint nach unten hin perspektivisch verkürzt. Man könnte allerdings auch so argumentieren: Da die Fensterpfosten sich nach oben hin vom Beobachter entfernen und schmaler zu werden scheinen, nimmt man dies entsprechend im Spiegelbild wahr.

Es fällt auf, dass das Spiegelbild insgesamt einen kleineren Querschnitt als der Schatten der Rahmenelemente aufweist. Das kommt daher, dass der Rahmen seitlich angestrahlt wird und für die Schattenprojektion ein größerer Querschnitt zum Tragen kommt, als es bei der frontalen Spiegelung des Rahmens der Fall ist.

Der Glanz hat viel mehr teil an der Farbe des Lichtes, das den glänzenden Körper beleuchtet, als an der Farbe des Körpers selbst, und der entsteht auf dichten Oberflächen.

Leonardo da Vinci

Weil der Fußboden ein hybrides Objekt zwischen Projektions- und Spiegelfläche darstellt, wird das diffus reflektierte Licht vom spiegelnd reflektierten Licht überlagert. Dadurch erscheint er je nach den Helligkeitsverhältnissen mehr oder weniger glänzend. Wenn die spiegelnde Reflexion z. B. aufgrund der Helligkeit des gespiegelten Objekts überwiegt und die Spiegelbilder als solche erkannt werden, scheint der Fußboden transparent für eine unter ihm liegende Spiegelwelt zu werden. Das ist insbesondere an den beschatteten Stellen der Fall. Weil dort kein Licht der dominierenden Lichtquelle hinkommt und diffus reflektiert wird, wird die spiegelnde Reflexion der umgebenden Objekte kaum von störendem Streulicht überlagert.

Auch dunkle Fliesen, die das auffallende Licht kaum diffus reflektieren, stellen daher gute Bedingungen für eine Spiegelung dar 10. Dass auch beschattete Stellen einer spiegelnden Fläche wegen des fehlenden Streulichts ein Spiegelbild deutlicher hervortreten lassen, weiß man von der Fensterscheibe: „Sie sieht ihr Spiegelbild, das durch den Reflex der Sonne überstrahlt wird. Wenn sie ihren Kopf ein Stück zur Seite neigt, taucht sie in einen Schattenstreifen, und ihr Spiegelbild wird klarer: ihr Gesicht ist lang und voll, ihre Züge sind regelmäßig, ihr Haar dunkel und schimmernd" (BOURDOUXHE 1996, 7).

10 Dunkle Fliesen spiegeln wegen des fehlenden Streulichts die Gegenstände wesentlich prägnanter.

Kugelleuchte mit schwebender Lichtkugel

Im Innern einer verspiegelten Kugel entsteht von einem in der Kugel befindlichen Gegenstand ein reelles, dreidimensionales, im Raum schwebendes Spiegelbild. Doch leider kann man dies wegen der Undurchsichtigkeit der Kugel nicht sehen. In einer Glaskugel kann man unter günstigen Bedingungen das reelle Bild wirklich sehen.

11 Schwebende Lichtkugel über der Lampe einer Kugelleuchte bei Nacht.

Obwohl das Warten auf eine Person, mit der ich mich verabredet hatte, vergeblich war, war das, was ich stattdessen erleben durfte, alles andere als vergeblich. Während ich nämlich hin und her ging und eine kugelförmige Straßenlaterne, die den Platz spärlich beleuchtete, umrundete, hatte ich plötzlich das Gefühl, dass das Innere der Leuchte zu leben begann: Oberhalb der in einem gleichmäßigen Licht leuchtenden matten Glühlampe **11** bewegte sich im Rhythmus meines Schritts pulsierend eine Art leuchtendes Plasma. Ich staunte nicht schlecht, weil mir zu diesem zauberhaften optischen Spektakel auf Anhieb keine vernünftige Erklärung einfiel.

Erst allmählich wurde klar, dass die vermeintliche Plasmakugel nichts anderes war als das reelle, dreidimensionale und daher von einem realen Gegenstand kaum zu unterscheidende Abbild der hellen Mattglaslampe. Hervorgerufen wird es von der als kugelförmiger Hohlspiegel wirkenden Glaskugel. Zwar geht das meiste Licht durch das Glas hindurch – ansonsten wäre es als Lampenmaterial denkbar ungeeignet. Aber wegen der weitgehenden Dunkelheit wird die Sicht durch keinerlei Streulicht der Umgebung gestört. Daher reicht der geringe Anteil des an der Innenseite reflektierten Lichts aus, um ein deutlich sichtbares, reelles Bild der Lampe oberhalb derselben entstehen zu lassen.

Die magische Bewegung des leuchtenden Spiegelbilds kommt folgendermaßen zustande: Die herstellungsbedingten geringen Abweichungen von der Kugelgestalt werden bei der Variation der Beobachterposition virulent, indem Form und Größe des Bildes diesen Abweichungen entsprechend schwanken. Eine schematische Darstellung der Lichtwege ist in Abbildung **12** für einen Beobachter skizziert, der in Pfeilrichtung auf die Lampe blickt. Dies entspricht in etwa der in den Fotos dargestellten Situation.

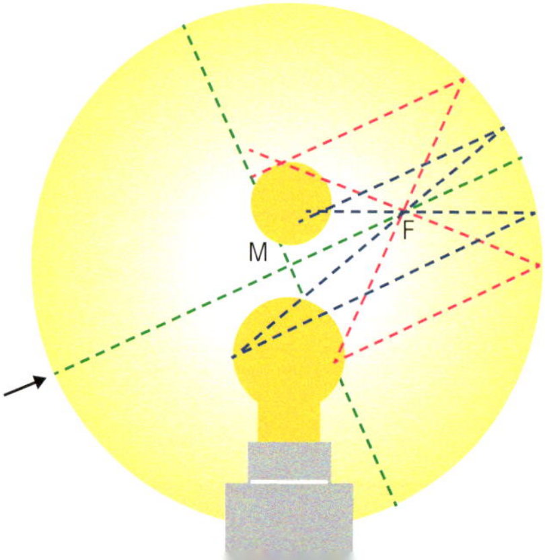

12 Strahlengang. Schematische Darstellung des Zustandekommens eines reellen Bildes für einen Beobachter, der etwa aus Pfeilrichtung auf die Leuchte blickt (M, Mittelpunkt der Kugel; F, Brennpunkt).

Die trotz des alltäglichen Kontextes zunächst als sehr merkwürdig und ungewöhnlich erlebte nächtliche Begegnung mit der Kugellampe legte die Vermutung nahe, dass ähnliche Phänomene auch bei gewöhnlichen Glühlampen zu beobachten sein müssten. Eine sofort vorgenommene Überprüfung brachte die Bestätigung: Unterhalb und oberhalb des Glühdrahtes erkennt man schemenhaft dessen im Raum schwebendes reelles Spiegelbild **13**. Dies ist einmal mehr ein Beispiel dafür, dass man das Vertraute meist fraglos akzeptiert und erst über eine unvertraute Situation dazu gebracht wird, ihm physikalisch interessante Aspekte abzugewinnen.

Mit kugelförmigen Trinkgläsern oder anderen transparenten Gefäßen lässt sich dieses Zufallsphänomen leicht nachstellen. Positioniert man die Flamme eines Teelichts etwas unterhalb des Zentrums in ein kugelförmiges Glas, z. B. ein größeres Rotweinglas, so kann man auch hier dreidimensionale Abbildungen der Kerzenflamme und eines Teils der hell erleuchteten Kerze hervorrufen **14**. Das Bild ist spiegelverkehrt und steht auf dem Kopf. Neigt sich die Kerzenflamme etwas nach rechts, weicht die Bildflamme entsprechend etwas nach links aus. Solche Details konnte man aus Symmetriegründen bei der Kugelleuchte nicht sehen. Zum Glück, denn nur ohne diese verräterischen Hinweise wurde das Phänomen zum spannenden Rätsel.

14 Eine Kerzenflamme etwas unterhalb des Zentrums eines sphärischen Glasgefäßes produziert ein im Raum schwebendes reelles Bild.

Sie zischte:„eine Laterne – ! – Kommt bloß raus!“

Arno Schmidt

13 Glühlampe mit reellen Bildern des Glühdrahts unter und über dem realen Glühdraht.

Ein ganz ähnliches Phänomen wird durch ein Spielzeug hervorgebracht. Es besteht aus zwei hohlspiegelartigen Schalen, von denen die obere mit einem runden Loch versehen ist. Über diesem Loch schwebend erscheint das täuschend echt aussehende Bild eines auf der unteren Schale liegenden Objekts, das dem direkten Blick entzogen ist.

Von reellen Hohlspiegelbildern bleibt kaum jemand unberührt. Die Wirkung kann unter Umständen so stark sein, dass eine Art Schwindel empfunden wird. Georg Christoph Lichtenberg beobachtet sogar: „Ich habe etliche Male bemerkt, daß ich Kopf-Weh bekam wenn ich mich lange in einem Hohlspiegel betrachtete“ (LICHTENBERG 1968, A 49).

Die Unendlichkeit ist grün

15 Blick in grüne Unendlichkeit in einem verspiegelten Fahrstuhl.

Zwei parallele, einander gegenüberliegende Spiegel tauschen ihre Spiegelbilder unendlich oft aus: Ein Objekt zwischen den Spiegeln wird von ihnen beiden gespiegelt, der gespiegelte Gegenstand wird vom gegenüberliegenden Spiegel gespiegelt, ebenso der gespiegelte gespiegelte Gegenstand und so *ad infinitum*. Man blickt gewissermaßen in die Unendlichkeit, die sich im Grün des Spiegelglases verliert.

„Sie erstaunten auch wirklich beim Eintritte nicht wenig über die ungeheure Gesellschaft, denn Wände und Decke bestanden daselbst aus künstlich geschliffenen Spiegeln, die ihre Gestalten auf einmal ins Unendliche vervielfältigten." Joseph von Eichendorff (1970, 239) beschreibt hier eine wohl jedem bekannte Situation. Man gerät zwischen zwei Spiegel und blickt in einen unendlich langen virtuellen Tunnel, in dem die Gegenstände und Menschen unendlich oft gespiegelt werden und man sich selbst unendlich oft gegenübersteht. Dazu braucht man heute allerdings keinen Festsaal mehr, ein verspiegelter Fahrstuhl tut es auch **15**.

Der Reiz solcher Doppelspiegel beruht vor allem auf dem Kontrast zwischen dem Wissen um die Einfachheit der Konstruktion und der sinnlich erfahrenen Komplexität des Blicks: Lediglich die mangelnde Planparallelität der Spiegel und die zunehmende Dunkelheit verhindern, dass man das Unendliche tatsächlich zu Gesicht bekommt.

Denn wenn das Licht das Spiegelglas durchläuft, bevor es an der metallischen Rückseite reflektiert wird, bleibt ein winziger Bruchteil im Glas stecken. Die Glasscheibe reflektiert das Licht dann abzüglich dieses absorbierten Anteils und erhält dadurch einen geringfügigen Grünschimmer, den man aber bei normalen Scheiben nicht sehen kann. Blickt man jedoch vor die Kante einer Scheibe, so erscheint alles in ein intensives Grün getaucht: Das Licht hat einen sehr großen Glasquerschnitt durchquert

> Zwei Spiegel einander gegenüber: für den Kurzsichtigen bedeutet es Verwirrung, für den Weitsichtigen Unendlichkeit.
>
> *Arthur Schnitzler*

und beträchtliche Anteile der Komplementärfarbe von Grün verloren **16**.

Beim Unendlichkeitsspiegel, der aus normal dicken Scheiben besteht, bekommt man den Grünton des Glases trotzdem zu sehen, weil das Licht diese Scheiben immer wieder durchläuft. Dadurch summieren sich nach einer hinreichend großen Zahl von Reflexionen die kurzen Strecken durch das Glas zu einer beträchtlichen Dicke auf und führen schließlich zu der in Abbildung **15** deutlich zu erkennenden Grüntönung des Lichts.

Wie stark der Einfluss der Absorptionen auf die Farbe des Lichts ist, wurde erst vor Kurzem eingehend untersucht (LEE ET AL. 2004). Abbildung **17** zeigt die spektrale Intensität des Lichts nach einer (rote Kurve) und nach 50 Reflexionen (grüne Kurve). Während nach *einer* Reflexion noch alle Wellenlängen fast gleich stark vertreten sind, findet man nach 50 Reflexionen ein deutlich eingeschränktes Spektrum mit einem Maximum bei einer Wellenlänge von 550 nm, die dem grünen Licht entspricht. Es sind also vor allem Lichtanteile im langwelligen und kurzwelligen Bereich absorbiert worden.

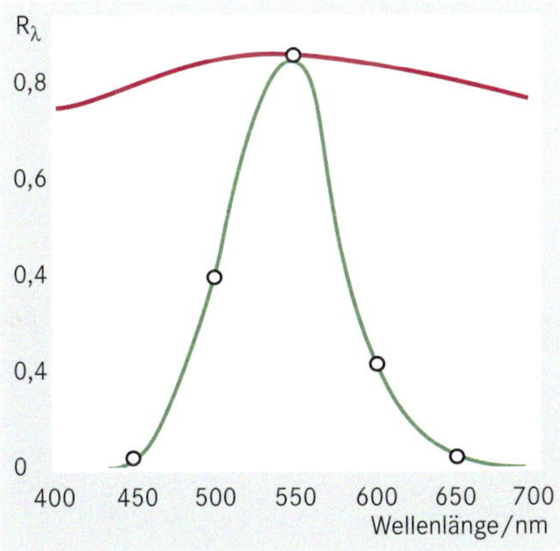

17 Das Verhältnis der reflektierten zur eingestrahlten Lichtintensität als Funktion der Wellenlänge des Lichts nach einer Reflexion (rot) und 50 Reflexionen (grün).

16 Blick auf die Kante einer Glasscheibe. Sie erscheint grün.

Die idealerweise unbegrenzte Zahl von Spiegelbildern, die nur durch die Absorptionen im realen Spiegelglas in die endlichen Schranken verwiesen wird, ist über das Phänomen selbst hinaus eine eindrucksvolle Visualisierung dessen, wie man zumindest prozessual das Unendliche im Endlichen denken kann. Es spielt daher in der Metaphorik der Philosophie und Poesie eine wichtige Rolle. So versucht z. B. Friedrich Schlegel (1964, 351) die Problematik zwischen Ich und Welt metaphorisch durch den Doppelspiegel zu fassen: „Wo der Gedanke des Ichs nicht *eins* ist mit dem Begriffe der Welt, kann man sagen, daß dies reine Denken des Gedankens des Ichs nur zu einem ewigen *Sichselbstabspiegeln*, zu einer unendlichen Reihe von Spiegelbildern führt, die immer nur dasselbe und nichts Neues enthalten." Und Harry Mulisch (2005, 44) versucht mithilfe dieser Metapher das zueinander reflexive Verhalten zweier Menschen zu erfassen: „Jeder fühlte sich dem andren unterlegen, jeder war Knecht und zugleich Herr, wodurch eine Art von Unendlichkeit entstand, wie zwischen zwei Spiegeln, die sich ineinander spiegelten." ▸I

Lichtkreuze in Lichtkreisen

Wer bei Sonnenschein mit aufmerksamem Blick durch die Straßen einer Stadt geht, kann auf manchen Häuserwänden merkwürdige Lichtkreuze umgeben von Lichtkreisen entdecken. Obwohl dieses Phänomen seit Jahren vor allem in der Esoterik diskutiert wird, hat es einen ganz natürlichen Ursprung und kann mit einfachen optischen Prinzipien aufgeklärt werden.

18 Lichtkreuze im Lichtkreis, wie man sie bei Sonnenschein an den Häuserwänden und anderswo sehen kann.

„Man spricht viel von Aufklärung, und wünscht mehr Licht. Mein Gott was hilft aber alles Licht, wenn die Leute entweder keine Augen haben, oder die, die sie haben, vorsätzlich verschließen" (LICHTENBERG 1968, L 472). Der Ausspruch Lichtenbergs gilt im doppelten Wortsinn, wenn man an die Lichtkreuze in Lichtkreisen denkt, jene unauffällig auffälligen Lichtstrukturen an Häuserwänden und anderen Projektionsflächen **18**. Denn zum einen sind diese so hell und groß, dass die Netzhäute wohl fast aller Leute schon davon belichtet wurden. Leider stand in den wenigsten Fällen jemand hinter ihnen, um sich des Phänomens als solchem bewusst zu werden. Zum anderen ist dieses Phänomen zum Diskussionsgegenstand der Esoterik geworden, wobei von einem übernatürlichen Ursprung ausgegangen wird. Von Aufklärung ist dabei meist nur wenig zu spüren.

Die Lichtkreuze in Lichtkreisen sind vor allem bei tief stehender Sonne auf Häuserwänden in dieser oder ähnlicher Form zu sehen. Sie werden von der Reflexion des Sonnenlichts in den Doppelglasscheiben der Fenster gegenüberliegender Häuser hervorgerufen **19**. Doppelglasscheiben müssen es deshalb sein, weil sie sich im Unterschied zu einfachen Glasscheiben zu einem System aus Hohl- und Wölbspiegel verformen können.

Die Verformung der Scheiben lässt sich unmittelbar aus dem Herstellungsverfahren verstehen: Die Doppelglasscheibe wird aus zwei durch einen Rahmen auf Abstand gehaltenen Scheiben zusammengeklebt. Dabei wird der Zwischenraum unter dem vor Ort herrschenden Luftdruck mit trockener Luft oder einem anderen Gas gefüllt. Wird die Doppelglasscheibe dann an einem anderen Ort in ein Gebäude eingebaut, so ist sie im Allgemeinen Luftdruckänderungen ausgesetzt. Je nach den geografischen (Höhenlage) und meteorologischen Bedingungen (aktueller Luftdruck) gerät die Scheibe mehr oder weniger stark (von

Noch viel wunderbarer als der einfache Spiegel ist der durchsichtige Spiegel, zum Beispiel ein Fenster ...

Christian Morgenstern

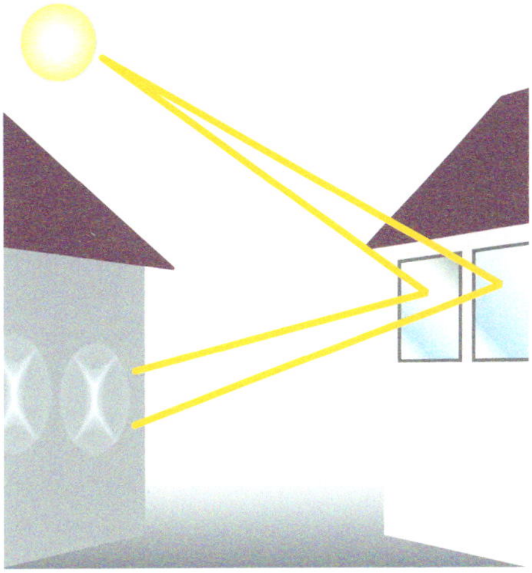

19 Konstellation von Fenstern, Häuserfront und Sonne zur Entstehung eines Reflexes.

innen oder von außen) unter Druck, worauf sie mit einer entsprechenden Verformung reagiert. Eine rechteckige Scheibe wird dabei vor allem längs der Diagonalen eingedellt. Dies lässt sich auf einfache Weise grob veranschaulichen, wenn man beispielsweise auf eine in einem Bilderrahmen eingespannte Folie drückt.

Wenn der äußere Luftdruck größer ist als der Druck zwischen den beiden Scheiben, werden diese nach innen gewölbt, bei niedrigerem Luftdruck nach außen. Das von einer Seite kommende Sonnenlicht trifft in jedem der beiden Fälle jeweils auf eine nach innen und eine nach außen gewölbte Scheibe, wobei Erstere fokussierend und Letztere defokussierend wirkt 20. Auf einer in passendem Abstand gelegenen Wand kommt es daher zu einer Lichtstruktur mit mehr oder weniger hellen Bereichen. Genauer: Die bezüglich der Richtung des einfallenden Lichts hohlspiegelartig verformte Scheibe führt zu einer kreuzförmigen Aufhellung auf der Wand, während die wölbspiegelartig verformte Scheibe zu einer etwas schwächeren Aufhellung führt, die grob an einen das Lichtkreuz umrahmenden Kreis oder ein Oval erinnert. Ein perfektes Lichtkreuz im Lichtkreis entsteht nur dann, wenn die Deformation zufällig die „Brennweite" des „Spiegels" hervorbringt, die in etwa dem Abstand zur Projektionswand entspricht. Im Allgemeinen beobachtet man daher mehr oder weniger stark abweichende Formen.

Wer Gelegenheit hat, z. B. auf dem Weg zur Arbeit regelmäßig an einer Häuserfront mit Lichtkreuzen vorbeizukommen, kann aus den Änderungen der Reflexe Rückschlüsse auf die Änderung des Luftdrucks ziehen und auf diese Weise das Wetter vorhersagen. Leider funktionieren diese „Barometer" nur bei Sonnenschein.

Obwohl die Lichtkreuze schon wegen der tiefen Symbolik, die in der Kreuzform gesehen werden kann, sehr stark an ein Zeichen erinnern, entpuppen sie sich doch als bloße Abbilder. Allerdings mit der Besonderheit, dass ihre Entstehungsursache nicht direkt ins Auge fällt. ▸I

20 Die Verformungen der Doppelglasscheibe werden durch Verzerrungen einer gespiegelten Häuserfront sichtbar.

Wärmebilder einmal anders

Feuchtigkeitsmuster auf metallischen Wänden lassen auf thermische Leitungsvorgänge schließen, die durch den inneren Aufbau der Wände bestimmt werden.

21 Thermische Feuchtigkeitsmuster an einem aluminiumverkleideten Bau.

Es ist neblig, feucht und kalt (wenige Grad über null). Aber die noch sehr tief stehende, den leichten Nebel durchdringende Sonne verheißt einen sonnigen Tag. Das aluminiumverkleidete Gebäude ist mit Feuchtigkeit „beschlagen". Man würde sich darüber nicht weiter wundern, wären da nicht die trockenen Ränder, die die nassen Flächen begrenzen **21**. Diese Besonderheit kann kein Zufall sein und fordert daher zu einer Erklärung geradezu heraus.

Die Feuchtigkeit stammt offenbar von den Wassertröpfchen des leichten Nebels, die durch den Wind gegen die Gebäudewand getrieben werden und diese benetzen. Je nach der Menge des so gesammelten Wassers läuft es von Zeit zu Zeit in kleinen Strömen die Wand hinab. Das Phänomen wird übrigens in manchen unter Trockenheit leidenden Ländern zu Bewässerungszwecken genutzt: Der Morgennebel wird von einer Brise beispielsweise gegen Olivenbäume getrieben, an deren Stämmen Wassertröpfchen hängen bleiben und anschließend herunterlaufen. So kommt es auch ohne Regen zu einer mäßigen, aber regelmäßigen Bewässerung.

Der Gedanke, dass die feuchten Flächen vom Rand her zu trocknen beginnen, drängt sich geradezu auf. Doch es stellt sich über einen längeren Beobachtungszeitraum kein Fortschritt des Trocknungsvorgangs ein. Wie sollte es auch, da die äußeren Bedingungen sich nicht veränderten. Es muss sich daher so etwas wie ein stationärer Zustand zwischen weiterer Benetzung und Trocknung eingestellt haben. In den Randbereichen erfolgt die Trocknung so schnell, dass die dort auftreffenden Wassertropfen keine Überlebenschancen haben. Selbst die in die trockenen Streifen hineinfließenden Tropfenströme trocknen immer wieder aus und entstehen neu.

Trocknen bedeutet, dass Wasser verdunstet. Zur Verdunstung ist Energie nötig. Die Energie kommt offenbar aus dem Innern des geheizten Gebäudes und wird dem Temperaturgefälle zwischen Innen und Außen entsprechend im Wesentlichen durch Wärmeleitung bewirkt.

Das Feuchtigkeitsmuster legt den Schluss nahe, dass die Wärmeleitung an den Rändern der Feuchtgebiete stärker ist als anderswo. Wie ist das möglich? Die Metallwände werden aus einzelnen Metallkassetten zusammengefügt, die auf der Innenseite mit Isoliermatten ausgestattet sind, um den Wärmestrom aus dem geheizten Gebäude zu reduzieren. Dort wo die Kassetten zusammengefügt sind, entstehen Wärmebrücken. Hier ist der Energiestrom größer als an den anderen Stellen mit der Folge, dass die Wassertröpfchen besser mit Verdunstungswärme versorgt werden.

In den gut leitenden Metallen wird die Energie auch noch ein Stück weit zum Zentrum der Platten geleitet, so dass sich das Trockengebiet entsprechend verbreitert. Da die Energieströme in den Ecken sogar von zwei senkrecht aufeinanderstoßenden Rändern ausgehen, ist die Trocknung längs der Diagonalen der Metallplatten noch größer. Daraus ergeben sich zwangsläufig die beobachteten Abrundungen. Wenn der Nachschub an Wassertröpfchen versiegt, verkleinern sich die feuchten Ovale, bis sie schließlich ganz verschwinden.

Häufiger als solche Feuchtigkeitsovale beobachtet man indessen Trockenheitsovale ↪22. Es handelt sich um ein Fenster in einem ausgekühlten Zimmer mit hoher Luftfeuchte. Die durch eine erst kurz zuvor angestellte Heizung erwärmte Luft steigt auf und kühlt sich an den Scheiben ab. Dadurch sinkt die maximale Feuchtigkeit unter den Wert der tatsächlich vorhandenen absoluten Feuchtigkeit und es kommt zur Kondensation des überschüssigen Wasserdampfes.

Wegen der Heizung der Zimmerluft wird der obere Bereich des Fensters von wärmerer Luft getroffen als der untere. Da bei einer höheren Temperatur die Dampfkonzentration größer ist als bei einer niedrigeren, können die Wassertröpfchen dort verdunsten und die Scheibe trocknen. Die Begrenzungen zwischen den Scheiben stellen Wärmebrücken zur kalten äußeren Umgebung dar; an diesen Stellen bleibt es kühl und die Tropfen verdunsten vorerst nicht. Die Asymmetrie des Trocknungsfortschritts zwischen den oberen und unteren Scheiben verdankt sich der Tatsache, dass die Zimmerluft oben wärmer als unten ist.

22 Allmählich trocknende beschlagene Fensterscheiben.

Die Phänomene zeigen einmal mehr, dass die Natur die Grenzen zwischen den Dingen oft in besonderer Weise hervorhebt. Denn „schließlich besteht ja das Ding nur durch seine Grenzen und damit durch einen gewissermaßen feindseligen Akt gegen seine Umgebung“ (MUSIL 1978, 26). ▸|

Regen und Tau:
Schweiß der Luft!

Friedrich Hebbel

23 Blick aus dem Innern der Kuppel des Doms auf den sich scheinbar zu Wänden erhebenden Fußboden.

Täuschende Perspektiven

Das zweiäugige räumliche Sehen des Menschen funktioniert ab einer gewissen Entfernung nicht mehr. Stattdessen werden u. a. perspektivische Verkürzungen zur Beurteilung der Räumlichkeit genutzt. Im Dom Santa Maria del Fiore in Florenz wird umgekehrt durch konvergierende flächenhafte Strukturen an Stellen räumliche Tiefe vorgetäuscht, wo keine ist.

Zu Beginn der Neuzeit ist zunächst in Kunst und Architektur die Linearperspektive wiederentdeckt worden. Es spricht einiges dafür, dass das durch die Linearperspektive angeleitete Denken auch für die Entwicklung der neuzeitlichen Physik von Bedeutung war. So war der Übergang vom geo- zum heliozentrischen Weltbild nicht zuletzt eine Frage der Perspektive: Man dachte sich in die Sonne versetzt, um das Planetensystem aus dieser ungewohnten Perspektive zu betrachten. Dieser Blick hat zu einer Entwirrung der ptolemäischen Verwirrung der Planetenbahnen und darauf aufbauend zur physikalischen Fundierung der Astronomie geführt.

Einer der Protagonisten der Linearperspektive war der Künstler und Architekt Filippo Brunelleschi (1377 – 1446), der ingeniöse Baumeister der Kuppel des Doms von Florenz mit einem Durchmesser von ca. 45 m. Um in die begehbare Laterne auf der Kuppel zu gelangen, muss man über eine enge Wendeltreppe zunächst bis zum Fuß der eigentlichen Kuppel in etwa 50 m Höhe gelangen. Dort hat man die Möglichkeit, einen Rundgang um den Fuß der Kuppel zu machen, bevor man die Kletterei durch die Doppelschale der Kuppel zur Spitze fortsetzt. Man wird mit einem atemberaubenden Blick in die Tiefe des Kircheninnern für die Strapazen des Aufstiegs belohnt. Denn wenn man den mit hellen Fliesen ausgelegten Fußboden als Ganzes betrachtet, scheint er nach unten wegzuklappen und den braunroten Mittelteil noch weiter in die Tiefe zu versenken → **23**. Man hat nun den Eindruck, als sei der Mittelteil von hellen Wänden flankiert, die mit gefliesten Quadraten belegt sind.

Diese Sicht der Dinge ist eine Folge einer starken perspektivischen Täuschung. Und es kann kein Zufall sein, dass die nunmehr wie quadratische Wandelemente wirkenden Teile des Fußbodens als Trapeze gestaltet wurden, die sich zum Zentrum des achteckigen Fußbodens hin verjüngen. Wer Schwierigkeiten hat, dies auf dem Foto zu sehen, dem hilft ein Blick in den linken Bereich des Bildes. Dort sind die täuschenden Trapeze teilweise mit Bänken verdeckt, wodurch ein gewisser visueller Konflikt zwischen horizontalem Boden und vertikal erscheinender Wand ausgelöst wird. Aber die Einschätzung scheint bei verschiedenen Menschen unterschiedlich zu sein.

Perspektivische Elemente spielen in der Renaissance eine große Rolle. Über rein spielerische Aspekte hinaus geht es dabei auch um gezielte Manipulationen der Wahrnehmung. So hat man beispielsweise die einzelnen Etagen des Campaniles des Doms nach oben hin größer werden lassen, um die perspektivische Verkürzung auszugleichen → **24** (links). Denn wenn man auf dem relativ engen Vorplatz des Turms steht, würde man ohne dies von den oberen Stockwerken kaum noch etwas sehen. Von der Laterne auf der Spitze der Kathedrale aus gesehen lässt sich die unterschiedliche Höhe der einzelnen Stockwerke gut erkennen. Auf diese Weise kann man sich eine Vorstellung davon verschaffen, wie sehr man sich täuschen kann, wenn es um die Einschätzung der Größe perspektivisch verkürzter Gegenstände geht → **24** (rechts).

Die perspektivische Täuschung ist indessen weit davon entfernt, eine bloße visuelle Kuriosität zu sein. Denn ohne sie wäre es nur unvollkommen möglich, eine räumliche Situation „täuschend" echt auf der Fläche darzustellen,

> Die Malerei ist eine der verblüffendsten Zauberinnen, denn gerade durch das augenscheinlich ‚Falsche' vermittelt sie uns den Eindruck, daß sie die reine Wahrheit sei.
>
> *Jean Etienne Liotard*

sei es nun durch Gemälde oder Fotografien. Das perspektivische Sehen und dadurch angeleitet das perspektivische Denken spielen nicht nur für die Kunst seit der Renaissance und die spätere Entwicklung der fotografischen Techniken eine wichtige Rolle: „Die Ausbildung des räumlichen Vorstellungs- und Darstellungsvermögens gehört zu den elementaren Voraussetzungen für den kosmologischen Konstruktionssinn der Neuzeit. Mehr als Denkform wird Perspektivität zur Lebensform, wenn die Leidenschaft der Reflexion auf den eigenen Standort so genannt werden darf" (BLUMENBERG 1981, 619). ▸I

24 Ganz rechts der Campanile, wenn man unmittelbar davorsteht. Rechts der Blick auf den Campanile von der Laterne des Doms aus. Man erkennt den enormen Größenunterschied der einzelnen Etagen.

Irisierende Farben auf regennasser Straße

Dünne, an sich transparente Ölschichten auf Wasser rufen schillernde, metallisch glänzende Farben hervor. Anders als normale Körperfarben beruhen sie nicht auf Pigmenten des farbigen Gegenstands, sondern werden durch Beugung des Lichts an den Grenzflächen der Ölschicht hervorgerufen.

„Es braucht nicht eine Fuge von Bach, nicht ein Bild von Giorgione zu sein, es genügt ein Inselchen blau im Wolkenhimmel, der bewegliche Fächer eines Möwenschwanzes, es genügen die Regenbogenfarben eines Ölflecks auf dem Straßenasphalt" (Hesse 1971, 147), wenn es darum geht, Schönes im Alltag zu entdecken. Dabei sind Ölflecken auf der Straße, die etwa aus einer undichten Ölwanne eines Kraftfahrzeugs stammen, normalerweise nicht gerade positiv konnotiert, sind sie doch Ausdruck einer typischen Umweltverschmutzung unserer Tage. Normalerweise nehmen wir sie kaum wahr. Aber sobald die Straße feucht ist, entfaltet ein Ölfleck einen bunten Fächer von Regenbogenfarben, der in merkwürdigem Kontrast zum profanen Anlass und Ort des Geschehens steht 25. Dasselbe gilt für einen Wassertümpel, auf dem sich eine dünne Schicht Mikroorganismen breit macht 26.

Während Öltropfen bei Trockenheit im Asphalt versinken, breiten sie sich auf einem den Asphalt überziehenden dünnen Wasserfilm aus. Darin kommt die Tatsache zum Ausdruck, dass die Grenzflächenspannung zwischen Öl und Luft kleiner ist als die zwischen Wasser und Luft.

Ganz allgemein betrachtet, ist die Natur bestrebt, so viel Energie wie möglich als Wärme an die Umgebung abzugeben. Da wegen der geringeren Grenzflächenspannung des Öls weniger Energie erforderlich ist, wird die energetisch „kostspieligere" Wasseroberfläche so weit wie möglich durch eine Oberfläche aus

25 Ölfilm auf der nassen Straße.

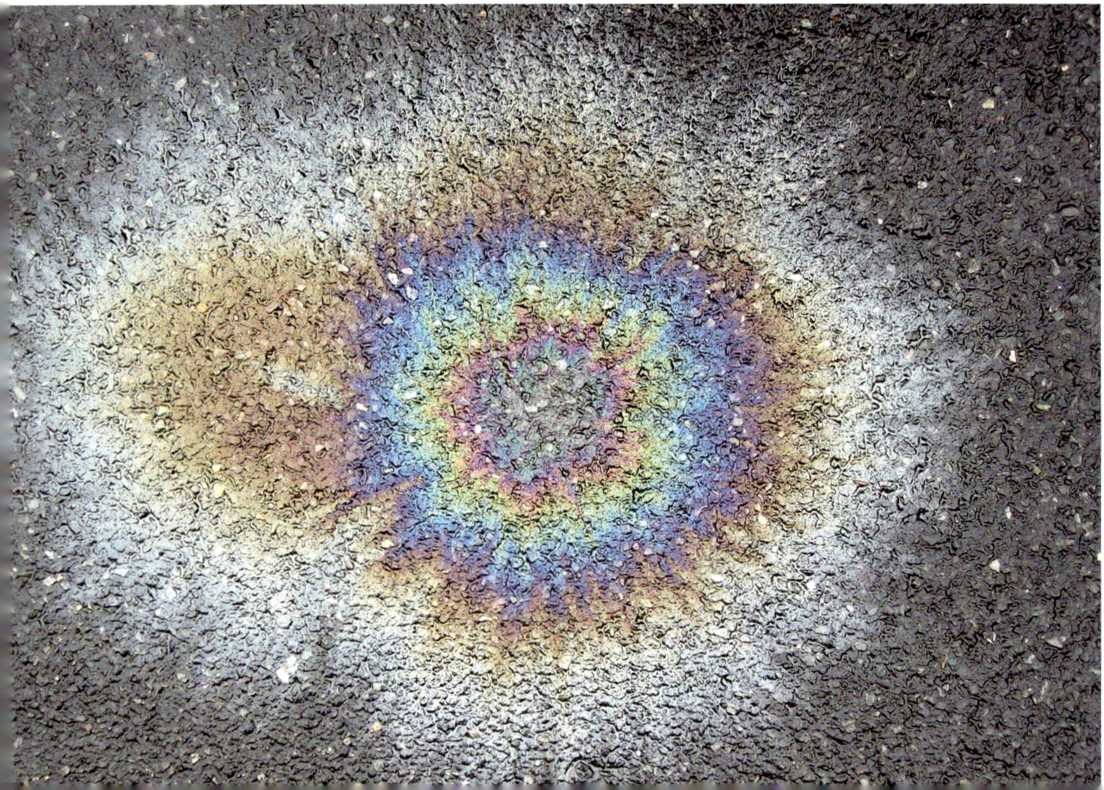

Öl ersetzt. Daher bedecken die Öltröpfchen gemessen an ihrem geringen Volumen eine relativ große Fläche. Im vorliegenden Fall ist der Fleck etwa 15 bis 20 cm groß. Folglich kann dieser Ölfilm nur äußerst dünn sein. Seine Dicke ist von derselben Größenordnung wie die Wellenlängen des sichtbaren Lichts.

Trotz der extremen Dünnheit des Films, die es schwer macht, Oberseite und Unterseite als voneinander unterschieden zu denken, kommt es gerade auf diesen Unterschied an. Denn eine wesentliche Voraussetzung für das Zustandekommen des farbenprächtigen Phänomens ist es, dass das weiße Tageslicht sowohl an der oberen Grenzschicht zwischen Luft und Öl als auch an der unteren Grenzschicht zwischen Wasser und Öl reflektiert wird. Auf ihrem Weg ins Auge überlagern sich diese beiden Teilstrahlen, sie interferieren. Da der an der oberen Grenzschicht zwischen Luft und Öl reflektierte Lichtstrahl eine Phasenverschiebung von einer halben Wellenlänge erfährt und der an der Unterseite reflektierte Teilstrahl einen längeren Weg zurückgelegt hat, besteht zwischen beiden ein Gangunterschied.

Obwohl wir bislang der Einfachheit halber von Lichtstrahlen gesprochen haben, kommen bei der Interferenz gerade die Welleneigenschaften des Lichts ins Spiel. Ist nämlich der Gangunterschied zwischen den beiden Lichtwegen gerade so groß, dass sich für eine bestimmte Farbe des Lichts die Wellentäler des einen mit Wellenbergen des anderen Teilstrahls überlagern – das ist stets bei einem ungeraden Vielfachen der halben Wellenlänge der Fall –, so heben sich die entsprechenden Lichtwellen gegenseitig auf. Es fehlt dann dieser Farbanteil im weißen Licht, so dass man nur noch das Gemisch aus den restlichen Farben sieht. Entspricht die Dicke genau einem Vielfachen einer der Wellenlängen, dann addieren sich die Amplituden; die entsprechende Farbe überstrahlt dann das weiße Gemisch der übrigen Farben. Ist der Blickwinkel flacher, so ist der Weg im Öl zwischen den beiden Grenzschichten länger und die Wellen verhalten sich so, als wäre die Schicht dicker, so dass nunmehr andere Wellenlängen interferieren und damit andere Farbeindrücke hervorrufen (siehe auch:

26 Irisierender Belag von Mikroorganismen auf einem Gewässer.

Und dann begegnete sie ihm mit einer euphorischen Heiterkeit, die, irisierend wie ein Ölfilm auf einer schmutzigen Lache, ihre Trübsal verdeckte.

Anita Albus

„Fliegen in irisierender Farbenpracht“ sowie „Farben feiner Risse“).

Viele Menschen fühlen sich von den intensiven, metallisch glänzenden Interferenzfarben dünner Schichten zumindest ästhetisch angesprochen. ▸|

Schneemuster auf Pflastersteinen

Schneeflächen bilden die schönsten Muster, wenn es unter dem Einfluss von Wind zu Schneeverwehungen kommt. Aber auch ohne Wind können Strukturen entstehen, wenn die Temperatur des Untergrunds noch nicht die Temperatur der plötzlich abgekühlten Luft angenommen hat. Sie fallen allerdings meist nur dann auf, wenn die Muster geometrisch geformt sind.

„Der Schnee, der jetzt alles überdeckte, stellte vollends eine Gleichheit her", heißt es in *Vor dem Sturm* von Theodor Fontane (1973, 67). Doch es gibt Ausnahmen von der Regel, dass frisch gefallener Schnee den Boden unterschiedslos mit einer einheitlichen Schicht bedeckt. Unter bestimmten Bedingungen zeichnet der Schnee auf zunächst rätselhaft erscheinende Weise das Muster des Untergrunds ab **27**.

Auch wenn eine Erklärung nicht sofort zur Hand ist, dürfte den meisten sofort klar sein, dass nicht eine mysteriöse Vorliebe des Schnees, sich im Läuferverband von Pflastersteinen anzuordnen, als Ursache für das Schneemuster in Frage kommt. Vielmehr wurde hier umgekehrt dem Schnee das Muster eines Pflasterweges aufgeprägt. Erklärungsbedürftig bleibt daher nur, warum der Schnee die Fugen zwischen den Pflastersteinen nachzeichnet und die Pflastersteine meidet.

Entscheidend für das Zustandekommen dieses merkwürdigen Ordnungsphänomens ist eine Art Nichtgleichgewichts-Situation: Die Lufttemperatur hat sich infolge einen Wetterumschwungs so schnell unter den Gefrierpunkt verringert, dass der Schnee zwar in der Luft, nicht aber an Stellen erhalten bleibt, die sich noch nicht so stark abgekühlt haben. Das be-

27 In Form eines Läufermusters angeordneter Schnee.

trifft im vorliegenden Fall insbesondere die oberen Bodenschichten einschließlich der Pflastersteine. Dort herrscht noch eine Temperatur über dem Gefrierpunkt.

Die meist nur locker gefüllten und teilweise mit Luft durchsetzten Fugen zwischen den Pflastersteinen haben eine vergleichsweise geringe Wärmekapazität. Sie erreichen daher verhältnismäßig schnell die niedrige Lufttemperatur, und solange der Schmelzpunkt des Schnees nicht überschritten wird, kann er dort als solcher überleben. Temperaturausgleichsprozesse durch Energietransporte vom Boden oder von den Steinen dürften zudem nur sehr langsam erfolgen, weil die Wärmeleitfähigkeit des luftdurchsetzten Fugenmaterials relativ gering ist.

Ganz anders ergeht es dem Schnee auf den Pflastersteinen. Sie speichern im Vergleich zur Luft relativ viel thermische Energie (besitzen eine verhältnismäßig große Wärmekapazität), die sie aufgrund ihrer ebenfalls im Vergleich zur Luft großen Wärmeleitfähigkeit schnell an den Schnee abgeben können. Der Schnee schmilzt infolgedessen zu einem kleinen Rinnsal zusammen, der im vorliegenden Fall gerade einmal zu einer Benetzung der Steine führt.

Der Naturforscher ist der Mann des strukturierten Sichtbaren.

Michel Foucault

Dass der Schnee nicht einfach die Fugen ausfüllt und sich auf diese Weise ebenfalls der thermischen Energie der Steine aussetzt, ist seinem flockigen Aufbau zu verdanken, der die Fugen großzügig überbrückt und folglich ein mehr oder weniger großes Luftpolster unter sich lässt. Diese Eigenschaft macht sich auch dort bemerkbar, wo Gras nur locker mit Schnee bedeckt ist und für eine Isolierung gegen den warmen Untergrund sorgt.

Das Fugenmuster des Schnees bleibt jedoch nur so lange erhalten, bis auch die Temperatur der Steine unter den Nullpunkt gesunken ist. Über den Fugen sieht man dann eine dickere Schneeschicht als auf den Steinen; diese haben den auftreffenden Schnee noch eine Zeit lang zum Schmelzen gebracht, bis auch sie so kalt waren, dass der Schnee liegenblieb.

28 Schneemuster auf einer Autokarosserie.

Schneemuster können manchmal wie eine Röntgenaufnahme wirken und Unsichtbares sichtbar machen. Wenn ein Auto nach einer Fahrt durch den Schnee abgestellt wird, gibt die erwärmte Motorhaube noch einige Zeit lang Wärme an den Schnee ab: Je nach der Größe des Wärmestroms wird mehr oder weniger Schnee geschmolzen. Im vorliegenden Fall **28** bleibt der Schnee an einigen Stellen erhalten und lässt die Struktur der Unterkonstruktion erkennen. Durch Isolierstoffe oder Lufteinschlüsse in den Hohlräumen der Verstrebungen wird die Wärmeleitung vom Motor nach außen herabgesetzt.

„Wie oft habe ich am Fenster gesessen, wie viel Stunden habe ich damit verbracht, den Spiralbahnen des fallenden Schnees im fahlen Licht der Straßenbeleuchtung zuzusehen, dem Vergehen der weißen Flocken auf dem glänzenden Asphalt" (Albus 1991, 101). Hätte Anita Albus statt auf den uniformen Asphalt auf eine gepflasterte Straße geblickt, wären ihre Gedanken vielleicht in eine ganz andere Richtung gelenkt worden.

29 Dunkle Karosserien spiegeln die Umgebung oft nahezu farbecht.

Mobile Schönheiten bei Licht besehen

In Science Center gehört der Zerrspiegel zu den faszinierendsten Phänobjekten. Nicht nur Kinder sieht man vor ihnen posieren und den Anblick des oft grotesk deformiert erscheinenden eigenen Konterfeis in immer neuen Variationen mit einer Mischung aus Belustigung und Erstaunen erleben. Aber Zerrspiegel gibt es auch in unserer alltäglichen Umwelt.

Glänzend lackierte und blitzblank polierte Autos gehören zum Straßenbild unserer Zeit. Doch wer macht sich schon klar, dass der Glanz nichts anderes ist als ein aus zahlreichen Spiegelungen zusammengesetztes Muster? Die gewohnten Ansichten der jeweiligen Umgebung werden den Krümmungen der Oberflächen entsprechend in kreativer Weise umgestaltet und zum flüchtigen Bestandteil der Fahrzeuge. Ganze Partien einer Autokarosserie nehmen die Farbe und die mehr oder weniger stark verformte Struktur der abgebildeten Umgebung an.

Die von außen übernommene Farbe kann so intensiv sein, dass die Farbe des Lacks kaum noch zu erkennen ist. So handelt es sich in Abbildung 29 nicht etwa um eine blaue, sondern um eine schwarze Karosserie. Das Blau ist nichts als der gespiegelte Himmel.

Schwarze glatte Oberflächen spiegeln das Licht besonders gut und zwar aus folgendem Grund: Körperfarben von Gegenständen entstehen dadurch, dass diese einen Teil des auftreffenden weißen Lichts absorbieren und den Rest, der dann den Farbeindruck hervorruft, diffus reflektieren. Daher wird das spiegelnd reflektierte Licht vom diffus reflektierten Licht überlagert. Weil schwarze Flächen so gut wie kein Licht diffus reflektieren, wird das spiegelnd reflektierte Licht kaum „verwässert“ 30.

Konvexe, also nach außen gewölbte Oberflächen bilden die Gegenstände – abgesehen von einer je nach der Art und Stärke der Krümmung bedingten Verzerrung und Verkleinerung – wie ein gewohnter ebener Spiegel „spiegelverkehrt“ ab 31. Das heißt, vorn und hinten werden vertauscht. Die durch einen sphärischen Wölbspiegel hervorgebrachten Bilder können als Idealgestalt dieses Typs von Abbildungen angesehen werden. Manche Karosserieteile zeigen aber auch auf dem Kopf stehende Ansichten. Diese sind auf konkave, also nach innen gewölbte Bereiche zurückzuführen. Hier stehen als Idealgestalt Abbildungen eines sphärischen Hohlspiegels Pate.

Besonders interessant sind die Übergänge zwischen den Krümmungsarten. Wenn man vor einer entsprechend geformten Karosserie steht und das eigene Spiegelbild in den Blick nimmt, kann man ähnlich wie in den Zerrspiegeln im Science Center durch behutsame Bewegungen beispielsweise aus seinem aufrecht gespiegelten Kopf einen zweiten umgedrehten Spiegelkopf herauswachsen lassen: In Abbildung 31 sind sogar vier Abbilder des Fotografen zu sehen.

Die Spiegelungen von Karosserien sind besonders eindrucksvoll, wenn sie selbst beschattet sind und die abgebildete Umgebung hell beleuchtet ist.

Mit der Übernahme von Farben und Mustern aus der Umgebung passt sich ein Auto mit jedem Ortswechsel wie ein Chamäleon den veränderten Farben der Umgebung an.

30 Im Unterschied zur dunklen Karosserie im Vordergrund zeigt die hellfarbene Karosserie im Hintergrund trotz einer Metalliclackierung wegen des diffus reflektierten Lichts eine deutliche Verwässerung der Farben.

31 Manche Karosserieteile zeigen anhand der Spiegelbilder konvexe und konkave Krümmungen und die besonders interessanten Übergänge dazwischen. Im vorliegenden Foto wird der Kopf des Fotografen gleich viermal abgebildet.

Das Kleinod wurde an jedem Wochenende gewaschen, gewachst und gewienert, bis man sich in den Stoßstangen so herrlich verzerrt spiegeln konnte wie im Irrgarten auf dem Jahrmarkt.

Klaus Modick

Mit naturgesetzlicher Notwendigkeit erfindet sich das Auto zumindest optisch immer wieder neu, und unter dieser Perspektive erscheint es einigermaßen erstaunlich, dass der Autofahrer sein Gefährt auch bei extremen Farbveränderungen stets wiedererkennt.

33 Nahaufnahme des Großen Phönix.

32 Bernhard Heiliger: Großer Phönix III 1992.

Ohne dem Künstler Bernhard Heiliger unterstellen zu wollen, er habe sich von spiegelnden Karosserien inspirieren lassen, profitiert sein Kunstwerk Großer Phönix III im Zollernhof in Berlin ebenfalls vor allem vom optischen Ambiente seines Standorts ➲ **32/33**. Denn die Oberfläche des Phönix ist nicht nur ästhetisch ansprechend geformt, sondern auch verspiegelt, so dass er die Umgebung in vielfältiger Weise zu abstrakt erscheinenden Formen umgestaltet abbildet.

Angesichts der faszinierenden Ansichten, die insbesondere durch gekrümmte Spiegel hervorgebracht werden, kann man sich des Eindrucks kaum erwehren, dass hinter einem Spiegel mehr steckt als „Einfallswinkel = Reflexionswinkel" und mit Rilke feststellen: „Spiegel: noch nie hat man wissend beschrieben,/was ihr in euerem Wesen seid" (Rilke 1976, 752).

Auf dem Land

An den Kirschbäumen schimmern rote Lampen

Heimliche Begleiter in freier Natur

Sonnentaler – Bilder der Sonne

Der Heiligenschein in Natur und Technik

Regenbogen im Spinnennetz

Selbstreinigende Pflanzenblätter

Strukturen im Sand – Äolische Formen

Konkav/Konvex: So kann man sich täuschen

Blätter mit kristallenen Rändern

Die Farben des Schnees

Aufrechte Eiszapfen – eine seltene Spezies

Glitzernde Tautropfen in der Morgensonne

An den Kirschbäumen schimmern rote Lampen

Der Farbkontrast zwischen einer roten Kirsche und den grünen Blättern führt im Licht der Sonne zu optischen Wechselwirkungen, die nicht nur schön anzusehen sind, sondern auch eine ganze Farbenlehre vermitteln können.

Um in einer glänzenden Kirsche sein Gesicht zu erkennen, muss man schon genau hinschauen und darf nicht die Qualität einer fotografischen Abbildung erwarten. Aber schemenhafte Spiegelungen sind an sonnigen Tagen auf der glatten Kirsche gut zu sehen 34.

Die Oberfläche der Kirsche reflektiert das auftreffende Sonnenlicht sowohl diffus als auch spiegelnd. Aufgrund der diffusen Reflexion, die durch Absorption des weißen Lichts und Emission des roten Anteils zustande kommt, erhält die Kirsche ihre charakteristische Färbung. Ein Teil des auftreffenden Lichts dringt jedoch gar nicht so tief in die Kirsche ein. Es wird an der glatten Oberfläche spiegelnd reflek-

34 Kirschen im Sonnenschein.

tiert. Normalerweise sind die Spiegelungen so unauffällig, dass die gespiegelten Gegenstände als solche nicht zu erkennen sind. Sie rufen nur unauffällige Aufhellungen hervor, die zum charakteristischen Glanz der Kirsche führen. Wenn jedoch eine Oberfläche wie das Gesicht von Hugo Salus (1900, 19) vom hellen Sonnenschein beleuchtet wird, kann zumindest ein schemenhaftes Spiegelbild erkannt werden.

Das Spiegelbild der Sonne in Kirschen und anderen glatten Früchten ist uns so vertraut, dass wir es gar nicht mehr bewusst wahrnehmen. Maler versehen Früchte und andere glänzende kugelförmige Objekte wie etwa Perlen einfach mit einem weißen Punkt und erreichen dadurch den realistischen Eindruck der Kugelform. Und da fast immer irgendwo eine helle Lichtquelle vorhanden ist, und sei es nur ein Fenster, sieht man selten glatte Kugeln ohne den charakteristischen hellen Lichtfleck.

Durch den Sonnenreflex auf der Kirsche wird deren rote Farbe völlig überstrahlt 34 (oberer Teil der linken Kirsche). Es entsteht ein fast kreisförmiger weißer Fleck, dessen Ränder allmählich ins typische Rot der Kirsche übergehen. Eine ähnliche Farbauslöschung kann man an den sonnenbeschienenen Stängeln und Blättern beobachten.

Auf der rechten Kirsche sieht man ebenfalls einige helle Flecken. Sie sind jedoch von geringerer Intensität und haben einen schwach bläulichen Schimmer. Dafür sind Partien des durch die Blätter des Kirschbaumes hindurch leuchtenden blauen Himmels verantwortlich, die gerade so orientiert sind, dass ihr Licht zum Beobachter hin reflektiert wird.

Die Überstrahlung des roten Kirschenlichts durch die spiegelnde Reflexion darf nicht dahingehend missverstanden werden, dass die diffuse Reflexion unterbunden wird. Denn diese nimmt ebenfalls mit der Intensität des einfallenden Sonnenlichts zu. Wenn man nämlich aus einer Position auf die Kirsche blickt, aus der keine Spiegelung der Sonne zu sehen ist, erscheint die Frucht intensiv rot.

Die Intensität des diffus ausgestrahlten roten Lichts ist sogar so groß, dass die Kirsche wie eine kleine Lampe wirkt, die ihr rotes Licht in alle Richtungen aussendet. So werden die in der Nähe der Kirsche befindlichen grünen Blätter von diesem roten Licht angestrahlt. Es wird zwar teilweise von den Blättern absorbiert, aber zu einem deutlich sichtbaren Teil auch

> Wie ich so in die Kirschen guck',
> Aus jeder Kirsche, wie ein Spuk,
> In kirschen-, kirschenrotem Licht
> Lacht mir entgegen mein Gesicht.
>
> *Hugo Salus (1866-1929)*

spiegelnd reflektiert. An der Stelle, von der das rote Licht in unser Auge gestrahlt wird, erscheint das grüne Blatt rot. Ändern wir unsere Position ein wenig, so leuchten andere Stellen des Blatts rot auf. Es ist wie beim Spiegel, bei dem man aus einer gegebenen Position nur die Dinge sieht, deren Licht dem Reflexionsgesetz entsprechend ins Auge gelangt.

Das lachende Spiel des Lichts auf der Oberfläche von Kirschen und anderen kugelförmigen Früchten hat auch noch eine astronomische Dimension: Jede einigermaßen frei in der Sonne hängende Frucht weist dieselbe Phase auf wie der Mond am Himmel. Nimmt man an einem Tage, an dem der Mond zu sehen ist, gleichzeitig eine von der Sonne beleuchtete Kirsche in den Blick, so sieht man, was Barthold Heinrich Brockes (1680 – 1747) generell an Früchten bemerkte:

„So wie der Mond, nachdem auf ihn die Sonne strahl't,
Sich bald im halben Licht', und bald im ganzen mal't;
So wird von diesen runden Beeren
Die eine Seiten-wärts, die and're ganz,
Nachdem bald Seiten-wärts, bald vorn der Sonnen Glanz
Sie rüret; angestral't und hell gemacht,
So daß ich oft in ihrer kleinen Ründe
Zugleich ein kleines Bild von Mond und Sonne finde."

(Brockes o. J, 57).

Heimliche Begleiter in freier Natur

An einem klaren Sonnentag kann man sich seines treuen dunklen Begleiters sicher sein. Man wird vielleicht seine Mitbewegung gleichsam aus dem Augenwinkel heraus wahrnehmen. Dabei kann es in bestimmten Situationen passieren, dass man plötzlich einen zweiten Schatten entdeckt, der meist in höheren Regionen schwebend, ansonsten aber ganz schattenhaft alle Bewegungen des Originals imitiert.

So erging es mir eines Morgens bei einem Spaziergang auf einem Weg, der links von einer Böschung und rechts von einem Gewässer gesäumt war. Das durch lockeren Baumbestand gemaserte Sonnenlicht fiel auf die Böschung und ließ meinen Schatten zwischen Verschwinden im Baumschatten und Erscheinen in den schattenfreien Lücken hin- und herpendeln. Zu meiner großen Überraschung bewegte sich oberhalb meines Schattens simultan eine dunkle Gestalt mit, die sich sehr schnell und unzweifelhaft als zweiter Schatten meiner selbst ausmachen ließ 35.

Wie kann es in freier Natur, wo außer der Sonne keine zweite Lichtquelle vorhanden ist, zu dieser Schattenverdopplung kommen? Umdrehen müsste die Lösung bringen. In der Tat sah ich mich doppelt geblendet: Zum einen brach das Licht der Sonne durch das Blätterdach der Bäume, zum anderen wurde das Sonnenlicht auf der Wasseroberfläche des angrenzenden Gewässers reflektiert 36 und damit zu einer sekundären Lichtquelle.

Da das auf dem Wasser reflektierte Licht der Sonne nicht von oben, sondern gewissermaßen von der unter dem Wasser befindlichen „Spiegelsonne" kommt, kann es nicht vom horizontalen Erdboden aufgefangen werden, sondern ist vielmehr auf eine passende Projektionswand angewiesen, die in der vorliegenden Situation zufällig durch eine Böschung gegeben ist 37. Diese ist sogar geeignet, beide Schatten aufzufangen, weil sowohl das Licht der Sonne als auch das der Spiegelsonne auf sie fällt.

Schaut man sich die Form der Schatten genauer an, so stellt man Unterschiede in der Form fest. Grund dafür sind die verschiedenen Richtungen, aus der die Person von der Sonne und der Spiegelsonne beleuchtet wird. Während die eine schräg von oben leuchtet, kommt das Licht der anderen schräg von unten.

Da die Intensität des von einer Wasseroberfläche spiegelnd reflektierten Lichts wesentlich geringer ist als die des direkten Sonnenlichts, wird man sich vielleicht darüber wundern, dass der sekundäre Schatten auf einer von der pri-

35 Doppelschatten an einer kleinen Böschung.

36 Sonne und im Wasser gespiegelte Sonne.

mären Sonne hell erleuchteten Projektionswand überhaupt zu sehen ist. Zwar wird die in der Sonne liegende Böschung zusätzlich von der allerdings wesentlich schwächeren Spiegelsonne beleuchtet, so dass theoretisch die Verdunklung durch den zweiten Schatten zu sehen sein müsste. Aber der Intensitätsunterschied ist praktisch so gering, dass er nicht wirklich zu erkennen ist. In der Tat zeigen Experimente, dass die Modulation der Helligkeit durch den zweiten Schatten vernachlässigt werden kann.

Deshalb muss eine zusätzliche Bedingung erfüllt sein, damit man den Doppelschatten überhaupt sieht: Das Licht der echten Sonne muss an der Stelle, an der der sekundäre Schatten erscheint, ausgeblendet sein. Und dafür sorgen in der vorliegenden Situation die Bäume. Immer dann, wenn ihr Schatten (bezüglich der echten Sonne) just an die Stelle fällt, die von der Spiegelsonne beleuchtet wird, sieht man dort den zweiten Schatten, der von der im Spiegelsonnenschein stehenden Person geworfen wird.

Zufällig lernt Peter Schlemihl einen
reichen Kaufmann kennen,
in dessen Garten er einen eigenartigen
grauen Herrn kennenlernt.
Dieser überredet ihn dazu, seinen
Schatten zu verkaufen
für einen Beutel, der unendlichen
Reichtum verspricht.

Adalbert Chamisso

Man mag an dieser Stelle den Eindruck gewinnen, dass die Bedingungen für Doppelschatten ganz schön subtil sind, und darin einen Grund für die Seltenheit des Phänomens sehen. Die Häufigkeit, mit der ich inzwischen Doppelschatten beobachte, spricht dagegen: Es gibt mehr günstige Situationen als man denkt. Denn auch andere spiegelnde Flächen wie etwa Fenster können einen weiteren Schatten hervorrufen (siehe auch: „Schatten sind mehr als Löcher im Licht“).

Jedenfalls sollte jeder, der an einem See oder spiegelnden Glasflächen vorbeigeht, nach dem zweiten dunklen Begleiter Ausschau halten. Schon Leonardo da Vinci hat eine solche optische Dreifaltigkeit beobachtet: „Man wird oftmals sehen, wie aus einem Menschen drei werden, und alle ihm folgen, und häufig verläßt sie gerade dieser eine, der ähnlichste“ (DA VINCI 1991, S. 117). Wenn Peter Schlemihl von der Natur der Doppelschatten gewusst hätte, wäre es ihm sicher gelungen, dem grauen Herrn den zweiten Schatten zu verkaufen und den ersten zu behalten. ▸I

37 Schematische Darstellung der Doppelschattensituation.

Sonnentaler – Bilder der Sonne

Sonnentaler sind ein einfaches optisches Naturphänomen, das schon von Aristoteles beschrieben wurde. Es hat allerdings fast zweitausend Jahre gedauert, bis sie im Sinne der geometrischen Optik erklärt werden konnten.

Den meisten Menschen, die an einem strahlenden Sonnentag unter dem Blätterdach von Bäumen spazieren gehen, fällt normalerweise nichts auf an den ineinander verwobenen Licht- und Schattenstrukturen, die den Boden und andere Gegenstände bedecken **38**. Sie gehören wie eine Art Tapete zur vertrauten Ausstattung der Welt. Aber selbst, wer auf die kreis- und ellipsenförmigen Lichtflecken aufmerksam gemacht wurde, ist nur selten überrascht und erklärt das Phänomen vielleicht mit zufällig auftretenden runden Öffnungen zwischen den Zweigen oder mit einer nicht weiter spezifizierten „Tendenz des Lichts, scharfe Kanten abzurunden“.

O Sonne! Wenn du gleitest durch das Laub der hohen Linden,
Dann wirfst du helle Flecken auf den Grund,
So schön, daß ich nicht darauf zu treten wage.

Edmond Rostand

Erst wenn sich das Vertraute ganz unvertraut präsentiert, wie es beispielsweise bei einer Sonnenfinsternis der Fall ist, wird sofort klar: Das Schauspiel am Himmel läuft in einer Art natürlicher Projektion simultan vieltausendmal am Boden ab **39**. Der Umweg über eine solche nichtalltägliche Situation lässt auch das Alltägliche im neuen Licht erscheinen. Die runden Lichtflecken sind Abbilder der Sonne: Sonnentaler. Danach ist der Blick für dieses Naturphänomen geschärft. Fortan werden Sonnentaler immer wieder gesehen auch in selteneren Situationen, beispielsweise, wenn sich Wolken vor die Sonne schieben und entsprechend modifizierte Bilder auf den Boden „gemalt“ werden.

Sonnentaler spielen in der Geschichte der geometrischen Optik eine wichtige Rolle. Schon Aristoteles (322 – 384 v. Chr.) hat sich mit ihnen beschäftigt. In seinem Werk *Pro-*

38 Sonnentaler in einem Biergarten.

blemata Physica finden wir folgende Fragen: „Warum erzeugt die Sonne, wenn sie durch viereckige Gebilde dringt, nicht rechteckig gebildete Formen, sondern Kreise, wie z. B. wenn sie durch Flechtwerk dringt?" (ARISTOTELES 1962, 138) und „Warum treten bei Sonnenfinsternis, wenn man durch ein Sieb oder durch Blätter(lücken) sieht ... oder wenn man die Finger der einen Hand mit denen der anderen verflechtet, die Sonnenstrahlen auf der Erde halbmondförmig in Erscheinung!" (EBD. 141).

Doch erst etwa 2000 Jahre später, im Jahre 1604, gelang es Johannes Kepler (1571 – 1630), den scheinbaren Widerspruch zwischen der „Geradlinigkeit der Lichtausbreitung" und der „Krümmung des Lichts", wie sie in den Sonnentalern zum Ausdruck kommt, aufzulösen und mit der Euklidischen Optik in Übereinstimmung zu bringen. Er brachte damit die geometrische Optik bis auf die quantitative Formulierung des Brechungsgesetzes zu einem auch heute noch gültigen formalen Abschluss.

Die entscheidende Idee Keplers ist es, die Sonne als ausgedehnte Lichtquelle aufzufassen und als ein Ensemble von unendlich vielen Punktlichtquellen zu beschreiben. Danach entwirft jeder dieser leuchtenden Punkte auf einem Schirm ein eigenes Abbild des Lochs **40**. In der Überlagerung sämtlicher Abbilder des Lochs entsteht ein Abbild von der Form der Lichtquelle, das dieser umso ähnlicher wird, je kleiner das Loch und/oder je weiter der Schirm entfernt ist.

Sonnentaler entdeckt man nicht nur unter Blätterdächern, sondern häufig auch in jalousieverdunkelten Räumen. Hier „liegen" sie dann auf Tischen und Bänken zu physikalischen Untersuchungen bereit. Es ist ein Leichtes, sowohl ihren Radius als auch ihren Abstand von der rechteckigen Öffnung in den Jalousien zu messen. Daraus lässt sich mit Hilfe des Strahlensatzes das Verhältnis des Radius der Sonne zum Abstand der Sonne von der Erde ermitteln: Das Verhältnis von Radius des Sonnentalers zur Entfernung des Lochs ist

39 Sichelförmige Sonnentaler bei einer Sonnenfinsternis.

gleich dem Verhältnis von Sonnenradius zur Sonnenentfernung.

Galileis Assistent Andrea in Bertolt Brechts „Das Leben des Galilei" ist noch einen Schritt weiter gegangen und hat Sonnenflecken im Sonnentaler untersucht: „Ich bin seit zwei Wochen an jedem sonnigen Tag auf den Hausboden geklettert, unter das Schindeldach. Durch die feinen Risse der Schindeln fällt nur ein

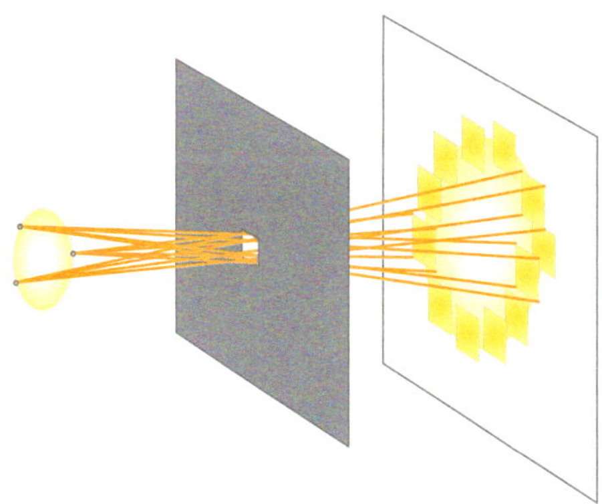

40 Jeder Punkt der runden Lichtquelle erzeugt ein Abbild des quadratischen Lochs auf der Leinwand. Alle Punkte zusammen erzeugen eine Überlagerung aller Abbilder von der Form der Lichtquelle.

dünner Strahl. Da kann man das umgekehrte Sonnenbild auf einem Blatt Papier auffangen. Ich habe einen Flecken gesehen, groß wie eine Fliege, verwischt wie ein Wölkchen. Er wanderte" (BRECHT 1967, 1303).

Der Heiligenschein in Natur und Technik

Heiligenscheine traten zunächst nur in der Malerei als Lichtkranz oder Lichtstrahlen um das Haupt von Heiligen auf. Mittlerweise bezeichnet man damit auch einen um den Kopfschatten eines Menschen aufgehellten Lichtkranz, der durch einfache optische Vorgänge hervorgebracht wird.

Der berühmte Künstler und Goldschmied Benvenuto Cellini (1500 – 1571) war davon überzeugt, von Gott auserwählt zu sein. Ganz im Sinne des neuzeitlichen Geistes der Renaissance konnte er dafür eine rationale Begründung geben: „Dann muß ich noch eine Sache nicht zurücklassen, die größer ist, als daß sie einem anderen Menschen begegnet wäre, ein Zeichen, daß Gott mich losgesprochen und mir seine Geheimnisse selbst offenbart hat. Denn seit der Zeit, daß ich jene himmlischen Gegenstände gesehen, ist mir ein Schein ums Haupt geblieben, den jedermann sehen konnte ... Diesen Schein sieht man des Morgens über meinem Schatten, wenn die Sonne aufgeht, und etwa zwei Stunden danach. Am besten sieht man ihn, wenn ein leichter Tau auf dem Grase liegt ... ich kann ihn auch anderen zeigen ...“ (Cellini 1928, 236).

Trotz der Betonung der nichtphysischen Herkunft des Heiligenscheins lässt Cellinis Beschreibung erkennen, dass er ein reales Naturphänomen vor Augen hatte. Und Naturphänomene sind meist reproduzierbar und überprüfbar. Dazu genügt es, früh aufzustehen und den eigenen Schatten auf dem noch vom Tau bedeckten Gras zu betrachten 41. Je nach den herrschenden Bedingungen wird man dann in Form einer mehr oder weniger deutlichen Aufhellung um den Schatten des eigenen Kopfes belohnt. Wir werden außerdem Cellinis Beobachtung bestätigen können, dass bei einer uns begleitenden Person kein derartiger Schein zu sehen ist. Allerdings wird diese Person bei sich selbst sehr wohl eine entspre-

41 Man sieht eine deutliche Aufhellung um das Schattenhaupt des Fotografen, nicht aber um das des Begleiters.

42 Der eigentliche Beobachter ist die Kamera, die in Abbildung 41 mit dem Auge zusammenfällt.

43 Visualisierung des Oppositionseffekts: Von oben bestrahlte Scheiben. Je weiter sich der Blick vom Sonnengegenpunkt entfernt, desto stärker wird die mittlere Helligkeit der bestrahlten Scheiben durch deren Schatten reduziert.

chende Aufhellung sehen, die aus ihrer Sicht dafür bei uns fehlt.

Bei diesem auch in der Physik so genannten Heiligenschein zeigt sich, dass der Beobachter offenbar mit zum „Versuchsaufbau" gehört, der die Erscheinung hervorbringt. Beruhigend wirkt da die Kenntnis, dass der Beobachter gar kein Subjekt sein muss. Eine Kamera tut es auch. Auch sie „sieht" nur einen Schein bei sich, und nicht beim Fotografen **42**.

Beim Zustandekommen des Heiligenscheins spielen zwei Effekte eine wesentlich Rolle: der Oppositionseffekt und die Retroreflexion des Lichts durch die an den Grashalmen anhaftenden Wassertröpfchen.

„Niemals sieht die Sonne einen Schatten", sagt Leonardo da Vinci und verweist damit auf die ebenso kuriose wie selbstverständliche Tatsache, dass aus dem Blickwinkel der Sonne der Schatten exakt hinter den schattenwerfenden Gegenständen liegt und daher verdeckt ist. Aus der Sonnenrichtung blickt der Mensch auf seinen Kopfschatten. Je mehr er von dieser Blickrichtung abweicht, desto schräger blickt er auf die schattenwerfenden Objekte und desto mehr sieht er von den Schatten, die sie werfen **43**. Dadurch nimmt die aus beleuchteter und beschatteter Fläche bestimmte durchschnittliche Helligkeit immer mehr ab. In der Nähe des Kopfes ist es daher am hellsten. Dieser Effekt ist natürlich umso größer, je strukturierter die Gegenstände sind. Wälder, vom Flugzeug aus gesehen, Kornfelder, aber auch granulare Oberflächen aus Sand und Kies zeigen daher häufig diese Aufhellung.

Wenn dies der einzige Effekt wäre, der zum Heiligenschein führt, müsste man ihn auch auf trockenen Wiesen sehen. Das ist aber nur sehr bedingt der Fall. Ein zweiter in seiner Wirkung wesentlich stärkerer Effekt kommt hinzu: die Retroreflexion. Das ist die Rückstreuung von Licht in Richtung Lichtquelle durch die in der kühlen Nacht an den Grashalmen niedergeschlagenen Tautropfen.

Betrachten wir einen Modellwassertropfen in Form einer Glaskugel oder eines wassergefüllten bauchigen Weinglases. Wenn wir den frei im Raum positionierten „Tropfen" mit Licht bestrahlen, passiert nichts Auffälliges.

> Jeder (kann) ... an jedem Frühlings-Morgen, im Glanz der Wiesen keinen andern vorübergehenden Schattenkopf im Heiligenschein des Taues umfaßt erblicken (nach der Optik) als seinen eignen, aber keiner den fremden.
>
> *Jean Paul*

Das Licht durchquert nahezu ungestört den Tropfen und wird von diesem unmittelbar hinter ihm fokussiert **44** (links). Ohne Projektionsschirm ist davon jedoch nichts zu sehen. Wenn wir den Tropfen jedoch dicht vor eine (helle) Wand (z. B. ein Blatt Papier) platzieren und – die Lichtquelle im Rücken – auf ihn blicken, leuchtet er um so heller auf, je näher wir der direkten Verbindungslinie Lichtquelle – „Tropfen" kommen. Dabei verhindert lediglich die Undurchsichtigkeit unseres Kopfes

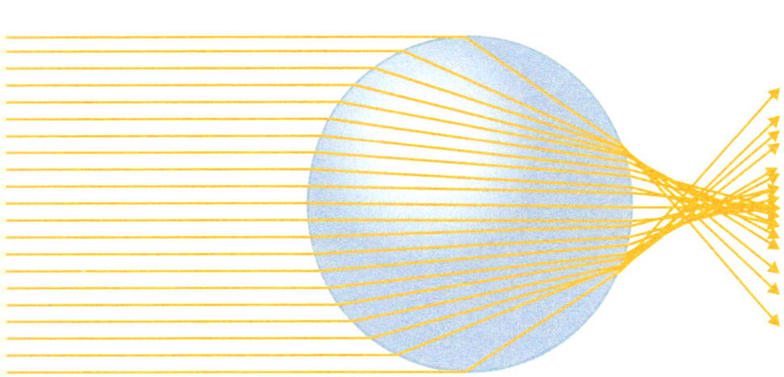

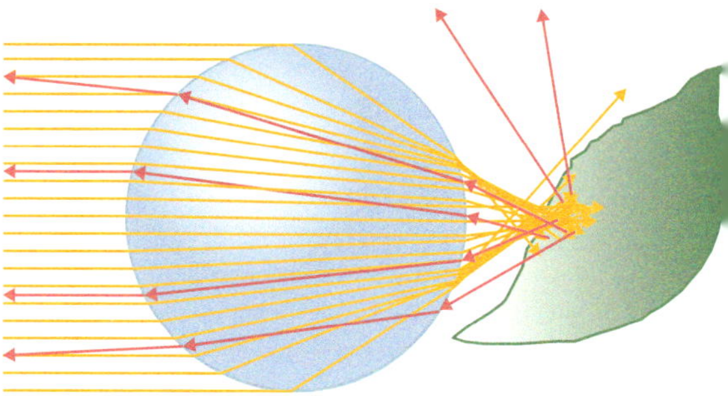

44 Das nahezu parallele Sonnenlicht wird kurz hinter dem Tropfen fokussiert (linkes Bild). Befindet sich in der Nähe des Brennpunktes ein Gegenstand, z. B. ein Blatt, so wird ein Teil des Lichtes in den Tropfen zurückgestreut (rote Pfeile im rechten Bild).

eine weitere Steigerung der Lichtintensität. Offenbar strahlen die Tropfen das auffallende Licht hauptsächlich in Gegenrichtung, also zur Lichtquelle zurück ➪ **44**. Der Heiligenschein wird also nur von den abweichenden Lichtstrahlen hervorgebracht. Die Intensität des zurückgestrahlten Lichts klingt jedoch mit zunehmender Abweichung von der Gegenrichtung sehr schnell ab.

Da die Wassertropfen auf den Grashalmen teilweise deformiert sind, hat neben der Streuung des auf die Halme fokussierten Lichts zurück in den Tropfen auch die Totalreflexion einen Anteil an der Retroreflexion.

Das Prinzip der Retroreflexion beim Heiligenschein wird sogar technisch genutzt, bei-

45 Retroreflexion von Wassertröpfchen, die auf den Härchen eines Grashalms sitzen und das auf das Blatt fokussierte Licht teilweise reflektieren.

spielsweise bei Verkehrsschildern, Begrenzungsstreifen auf der Straße, Autokennzeichen, Kleidung von Straßenarbeitern u. a.: Es ist erstaunlich, wie wenige Menschen sich darüber wundern, dass diese Objekte hell aufleuchten, sobald sie in den Lichtkegel einer Leuchte, z. B. des eigenen Autoscheinwerfers, geraten. Denn das scheint nicht nur massiv dem Reflexionsgesetz zu widersprechen, sondern wird so auch nirgends sonst erfahren.

hier meist kleine transparente Kügelchen, aus Kunststoff oder Glas, verantwortlich für den Effekt sind. Anders als die Wassertropfen sind sie in einer reflektierenden Kunststoffmatrix fixiert. Das auf die Kügelchen auftreffende Licht wird in die Kugel hinein gebrochen und von der verspiegelten rückwärtigen Grenzschicht reflektiert. Aufgrund der sphärischen Form wird das Licht fast in dieselbe Richtung wieder zurückgeworfen, aus der es kommt.

46 Links: Der Schatten einer von hinten angestrahlten Person ist von einem hellen Schein umgeben. Rechts: Nur der „eigene“ Schatten, hier der Kamera, ist vom Heiligenschein umgeben.

Stellt man sich beispielsweise in den Lichtkegel eines Scheinwerfers vor ein rückstrahlendes Verkehrsschild und betrachtet seinen Schatten auf dem Schild, so sieht man ihn von einem hellen Schein umgeben. Dasselbe gilt auch hier für die Kamera **46**. In der Praxis hat man jedoch die Lichtquelle nicht im Rücken, sondern befindet sich hinter der Lichtquelle, meist dem Scheinwerfer eines Fahrzeugs, so dass das Licht stets zur Lichtquelle zurückgeworfen wird. Da wie beim natürlichen Heiligenschein diese Retroreflexion nicht ganz genau in Gegenrichtung erfolgt, sondern davon abweicht, sieht man die Verkehrsschilder wie aus sich heraus erstrahlen.

Schaut man sich die retroreflektierenden Flächen genauer an, so erkennt man, dass auch Da das einfallende Licht nahezu vollständig zurückgestrahlt wird, ist die Intensität wesentlich größer als beim natürlichen Heiligenschein. Es sei nochmal betont: In beiden Fällen kommt es entscheidend auf das „fast“ an. Denn würde es exakt zur Lichtquelle zurückgestrahlt, würde beim Heiligenschein der Kopf des Beobachters im Wege sein und beim technischen Heiligenschein landete das Licht wieder in den Scheinwerfern und nicht im Auge des Betrachters.

Auch wenn der Heiligenschein meist als optische Illusion angesehen wird, die leuchtenden Verkehrsschilder zeigen, dass diese Illusion ziemlich praktische Konsequenzen haben kann.

Regenbogen im Spinnennetz

Vor einem dunklen Hintergrund fallende Regentropfen, die vom Licht der tief stehenden Sonne getroffen werden, sind eine ideale Voraussetzung für einen prächtigen Regenbogen. Aber auch durch eine Ansammlung von Wassertröpfchen in völlig anderen Situationen kann ein Regenbogen hervorgebracht werden.

In Spinnengeweben wird nicht nur fette Beute gefangen. Manchmal gehen auch sehr zarte Gebilde ins Netz: Regenbögen. Sie kompensieren die Flüchtigkeit ihrer Existenz mit eindrucksvollen Farben. Auf dem unansehnlich grauen Gespinst findet ein ästhetisch ansprechendes „Lichtspiel" statt.

Ein normaler Regenbogen leuchtet aus einem „Vorhang" feiner fallender Wassertröpfchen heraus. Es sind in jedem Moment andere Tröpfchen, die die jeweiligen farbigen Lichtstrahlen in unsere Augen senden. In den Spinngeweben sind die Wassertröpfchen, ähnlich wie die in sie hineingeratene Beute, fixiert, was sie jedoch nicht hindert, dieselben Farben hervorzubringen 47.

Weil der Wert der maximal möglichen Wasserdampfkonzentration in der Atmosphäre umso geringer ist, je niedriger die Temperatur ist, kann infolge der nächtlichen Abkühlung die maximale Wasserdampfkonzentration unter den Wert der tatsächlich vorhandenen Wasserdampfkonzentration sinken. Der überschüssige Wasserdampf kondensiert daher u. a. an Gräsern und Spinngeweben in Form winziger Wassertröpfchen aus.

Wenn dieses Netzwerk kleiner Wassertröpfchen von der Sonne bestrahlt wird, liegt

47 Das ansonsten kaum sichtbare graue Gespinst erstrahlt aufgrund von winzigen Tautropfen im Sonnenlicht in einem Doppelregenbogen.

eine ähnliche Situation vor wie bei der Entstehung eines „richtigen“ Regenbogens. Der Beobachter hat die Sonne im Rücken; das in dieser Situation die Tröpfchen durchsetzende Licht wird an den Grenzflächen zwischen Luft und Wasser gebrochen und reflektiert. Nur das beim Eintritt in den Tropfen gebrochene, beim anschließenden Auftreffen auf die rückwärtige Grenzfläche des Tropfens reflektierte und schließlich beim abermaligen Auftreffen auf die vordere Grenzfläche aus dem Tropfen heraus gebrochene Licht trägt zum (primären) Regenbogen bei **48**. Da das weiße Licht aus allen Spektralfarben zusammengesetzt ist und das kurzwellige Licht (blau) stärker gebrochen wird als das langwellige (rot), kommt es zu einer farblichen Trennung, die in Form des farbigen Regenbogens mit dem roten Licht außen und dem violetten und blauen Licht innen alle Aufmerksamkeit auf sich zieht.

Dass man trotz des verlustreichen Weges der Lichtstrahlen durch die Tropfen (bei jeder Brechung geht ein weiterer Teil des Lichts durch Reflexion und bei jeder Reflexion ein weiterer Teil durch Brechung verloren) diesen Regenbogen überhaupt sieht, hängt damit zusammen, dass es außerdem zu einer Konzentration des Lichts in einem Winkelbereich zwischen 40° und 42° bezüglich der Richtung des einfallenden Lichts kommt **48**.

Betrachtet man den Regenbogen im Spinnennetz genauer, so kann man schemenhaft einen sekundären Bogen erkennen, der durch das Licht hervorgerufen wird, das nach einer weiteren Reflexionen aus dem Tropfen heraus gebrochen wird. Da innerhalb des Winkelbereichs zwischen primärem und sekundärem Bogen kein Licht den Tropfen in Richtung Betrachter verlässt, erscheint dieser Bereich besonders dunkel, was insbesondere im Vergleich zum hellen Bereich innerhalb des primären Bogens zu erkennen ist. Hier fehlt das Licht, das sich im Regenbogen konzentriert wiederfindet.

Da sich im Unterschied zum normalen Regenbogen die Tröpfchen auf den Spinnweben in unmittelbarer Nähe des Betrachters befinden, kann man mit etwas Übung zwei ein wenig gegeneinander verschobene Bögen, mit jedem Auge einen separaten Bogen, erkennen. Das lässt sich jedoch mit der (einäugigen) Kamera nicht abbilden.

Dieselbe Sonne, die das farbige Schauspiel in den feuchten Spinnennetzen erst möglich macht, entzieht ihm aber alsbald die Existenzgrundlage, indem sie die Tröpfchen verdunsten lässt. Regenbögen in Spinnennetzen sind vermutlich zu marginal, um dieselbe Aufmerksamkeit zu erhalten wie der große Bruder vor der dunklen Regenwand. Nur der Hase, der „sobald die Erinnerung an die Sintflut sich beruhigt hatte ... im Klee und in den schwankenden Glockenblumen sitzen (blieb) sagte dem Regenbogen sein Gebet, durch das Netz der Spinne hindurch. Oh! die Edelsteine, die sich versteckten, die Blumen, die schon wieder hervorschauten“ (Rimbaud 1978).

> Draußen lag die Welt im frischen Morgenlichte, die Tauperlen, die in den Spinngeweben hingen, blitzten in den ersten Sonnenstrahlen.
>
> *Theodor Storm*

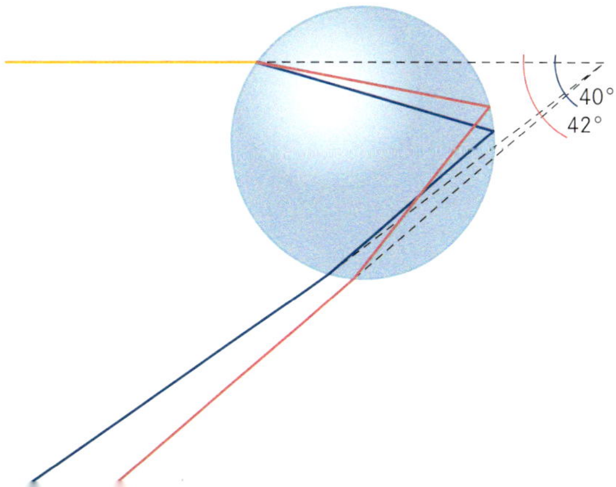

48 Ein Teil des von links einfallenden weißen Lichts verlässt nach zweimaliger Brechung und Reflexion in Farben aufgespalten den Wassertropfen. (Es wurde der Einfachheit halber nur der Weg eines Sonnenstrahls eingezeichnet.)

Selbstreinigende Pflanzenblätter

An zahlreichen Pflanzenblättern perlen Regentropfen wie kleine Kugeln ab. Dabei ziehen sie Staub- und Pollenkörner an, so dass sie wie „Reinigungskugeln" den Schmutz mitnehmen und zugleich saubere und trockene Blätter hinterlassen.

Nach einem warmen Regenguss atmet man „ordentlich mit Genuß und nicht lediglich aus Gewohnheit und die Natur im allgemeinen und im besonderen kommt einem vor wie die vermehrte und verbesserte Auflage eines lieben Buches. Dieser rein gewaschene Rasen, und diese neu aufgefirnißten Blätter, und diese frisch aufgebügelten Blumen, das alles lohnt sich schon, es noch einmal frisch durchzustudieren" (LÖNS 1911).

49 Tropfen auf der Oberfläche eines Maiglöckchenblattes. Man erkennt die auf der höchsten Stelle des Tropfens auf eine Kreisfläche zusammengezogenen Staubteilchen.

Und beim Durchstudieren stellt man dann fest, dass die Farben der Gegenstände durch die Benetzung intensiver geworden sind und die Blätter zahlreicher Pflanzen sich ihres Staubbelages entledigt haben, der insbesondere in der Zeit des Pollenfluges beträchtlich sein kann.

Wie das auf die Blattoberfläche auftreffende Regenwasser die Blätter reinigt, verraten uns Tropfen, die in lokalen Senken auf dem Blatt liegen geblieben sind **49**. Im vorliegenden Fall haben wir es mit Blättern von Maiglöckchen zu tun. Sie zeichnen sich dadurch aus, dass sie Wasser weitgehend abweisen. Denn die Tropfen benetzen die Blätter kaum. Kleine Tropfen können daher nahezu Kugelform annehmen. Bei größeren Tropfen fordert die Schwerkraft ihren Tribut und zieht sie zu linsenförmigen Gebilden auseinander, die aber dennoch nur eine kleine Berührungsfläche mit dem

Blatt ausbilden. Stößt man gegen das Blatt, so verlassen die Tropfen ihre Mulde und rutschen vom Blatt herab.

Ohne auf mikroskopische Mechanismen einzugehen, kann man diesen Sachverhalt rein energetisch folgendermaßen erklären: Viele Blätter sind zumindest teilweise wasserabweisend. Das heißt, sie benötigen mehr Energie zur Ausbildung der Grenzfläche zwischen Blatt und Wasser, als zwischen Blatt und Luft nötig ist. Da die Natur dazu neigt, so viel Energie wie möglich durch Wärme an die Umgebung abzugeben (2. Hauptsatz der Thermodynamik), kommt es stets zur Minimierung der Grenzflächenenergie, indem die Grenzfläche zwischen Blatt und Wasser so klein und die Tropfen so kugelförmig wie möglich werden. In Form einer Kugel hat ein gegebenes Volumen die kleinste Oberfläche, und daher wird durch die Kugelform nicht nur die Grenzfläche zwischen Blatt und Tropfen minimal, sondern auch die zwischen Tropfen und Luft. Die perfekte Kugelform wird aufgrund der Schwerkraft allerdings nicht erreicht. Denn ein flacher Tropfen mit einem tiefer liegenden Schwerpunkt benötigt weniger Höhenenergie als ein kugelförmiger. Hier wirken also zwei Tendenzen zur Minimierung der Energie gegeneinander: Die Höhenenergie nimmt umso mehr ab, je flacher der Tropfen wird und die Grenzflächenenergie umso mehr, je kugelförmiger er wird. Als Kompromiss stellt sich daher eine Tropfenform ein, bei der die Summe beider Energien minimal ist.

Da die Höhenenergie eines Tropfens mit der Höhe und dem zur Masse proportionalen Volumen (also näherungsweise proportional zum Radius hoch 4), die Grenzflächenenergie aber nur mit der Fläche (also näherungsweise proportional zum Radius hoch 2) abnimmt, schwindet der Einfluss der Höhenenergie bei kleinen Tropfen dramatisch. Ein Tropfen nähert sich umso mehr der Kugelgestalt an, je kleiner er wird.

Schaut man sich die Tropfen auf dem Maiglöckchenblatt genauer an, so erkennt man, dass sie alle einen hellen Fleck aufweisen. Man denkt vielleicht zunächst an einen Sonnenreflex. Aber spätestens dann, wenn man sieht, dass der Fleck einen deutlichen Schatten wirft und stets auf der höchsten Stelle sitzt, muss dieser Gedanke verworfen werden. Die Spiegelung der Sonne entdeckt man weiter links auf den Tropfen. Bei näherer Betrachtung erkennt man, dass jeder Tropfen von einer kleinen, zu einer nahezu kreisförmigen Fläche zusammengezogenen Ansammlung winziger Pollenkörner gekrönt wird.

Wenn die Regentropfen auf die Blätter auftreffen, kommt das Wasser nicht nur mit der Blattoberfläche in Berührung, sondern auch mit den Pollenkörnern, die sich auf dem Blatt angesammelt haben. Zur Ausbildung einer gemeinsamen Grenzfläche zwischen Pollen und Wasser ist normalerweise weniger Grenzflächenenergie nötig als für eine Grenzfläche zwischen Luft und Wasser. Anders gesagt: Die benetzende Oberfläche der kleinen Staubteilchen führt dazu, dass sie an den Wassertropfen haften bleiben.

So blinkend im Tau!
Wie perlenschwer
Die Pflanzen umher!

Johann Georg Jacobi (1740 - 1814)

Aber warum sammeln sich die Pollenkörner an einer Stelle und das auch noch in kreisförmiger Anordnung? Und warum ausgerechnet auf der höchsten Stelle der Tropfen? Müsste der Staub nicht unter Abgabe von Höhenenergie am Tropfen hinabgleiten?

Auch diese Fragen lassen sich mit Hilfe des oben beschriebenen Prinzips der Minimierung der Grenzflächenenergie erklären und in einem Freihandexperiment veranschaulichen. Auf einer wasserabweisenden Unterlage (z. B. einer Overheadfolie) wird mit einer Spritze ein Wassertropfen von etwa 2 cm Durchmesser platziert 50. Ein so großer Tropfen ist natürlich

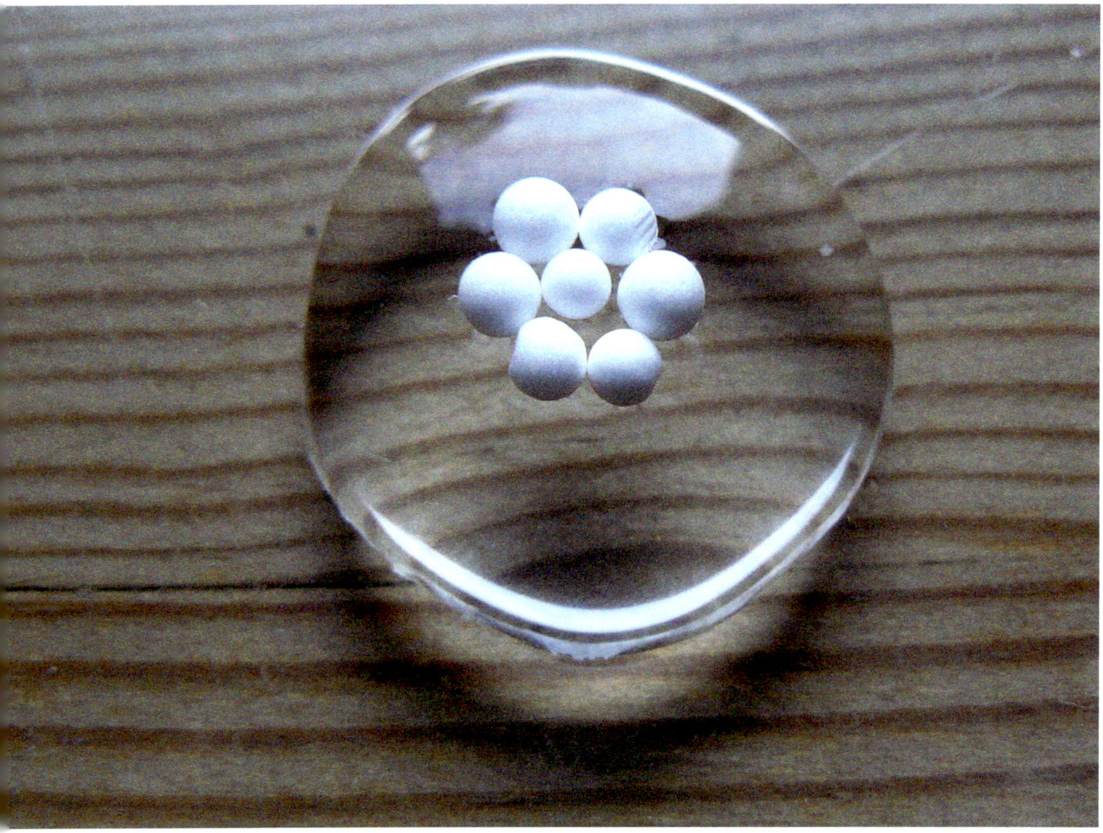

50 Styroporkugeln ziehen sich auf der höchsten Stelle eines Wassertropfens in kreisförmiger Anordnung zusammen.

weit davon entfernt, Kugelform anzunehmen. Setzt man jetzt kleine Styroporkügelchen (die die Pollenkörner auf den Tropfen repräsentieren sollen) auf diesen Tropfen, so bewegen sie sich alle zur höchsten Stelle des Wasserberges und bilden dort ein kompaktes Floß.

Das widerspricht natürlich der naiven Erwartung, dass schwere Körper stets den tiefsten Ort aufsuchen. Aber die Benetzungsfläche der Kügelchen ist an der höchsten Stelle des Tropfens maximal und damit die Grenzfläche zwischen Wasser und Luft minimal. Denn an der höchsten Stelle wirken Benetzung und Schwerkraft in dieselbe Richtung und ziehen die Kügelchen sozusagen mit vereinten Kräften tiefer in den Tropfen als an allen anderen Stellen. Und wenn sich die Pollenkörner auf eine möglichst kleine Fläche zusammenziehen, kommt es zu einer zusätzlichen Verkleinerung der Grenzfläche zwischen Wasser und Luft ➜ **51**.

Die Übertragung der Argumentation auf die Situation der winzigen Pollenkörner auf den Wassertropfen liegt auf der Hand, wenn man davon ausgeht, dass sich jedes Körnchen wie eine Styroporkugel verhält.

Die durch die Minimierung von Grenzflächenenergie angetriebene Anziehungstendenz auf einer Wasseroberfläche kann auch bei anderen Vorgängen beobachtet werden. So stellt man beispielsweise fest, dass sich auf einer Wasseroberfläche driftende Gegenstände zu größeren Einheiten vereinigen ➜ **52**. Hier spielt

51 Die Grenzfläche zwischen Wasser und Styropor wird maximiert und die zwischen Wasser und Luft minimiert.

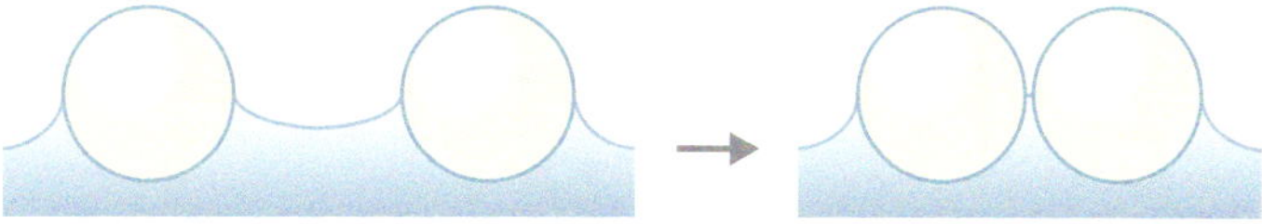

allerdings der durch Wind oder andere Einflüsse bewirkte „Random Walk“ der Teilchen eine zusätzliche Rolle.

Der reinigende Effekt durch das „Einsammeln“ von Blütenstaubpartikeln durch die vom Blatt herunterrutschenden Tropfen ist am stärksten ausgeprägt bei Pflanzen, die von Wasser nur wenig benetzt werden. Da die Lotuspflanze diesen Effekt besonders eindrucksvoll zeigt, spricht man auch vom Lotuseffekt. Er wird in den letzten Jahren häufig als Paradebeispiel für die Bionik angeführt. Dabei spielt die fein genoppte Oberflächenstruktur der Blätter eine wichtige Rolle. Dies wird bereits technisch imitiert, z. B. bei Autolacken, die bei einem Regenguss nicht verschmutzen, sondern sich ähnlich wie bei den hier beschriebenen Maiglöckchenblättern selbst reinigen.

Bereits Leonardo da Vinci hat sich bei seinen zahlreichen Erfindungen oft vom Vorbild der Natur inspirieren lassen. Er sieht bei der Verwirklichung der bionischen Bemühungen allerdings Einschränkungen in ästhetischer Hinsicht: „Obwohl der menschliche Einfallsreichtum verschiedene Erfindungen macht, die durch unterschiedliche Mechanismen zum gleichen Ziel führen, wird er nie irgendwelche Erfindungen machen, die schöner, angemessener oder direkter sind als die Natur, denn bei ihren Erfindungen fehlt es an nichts und nichts ist überflüssig“ (da Vinci 2008, 121). Leonardo war eben nicht nur Naturforscher, sondern auch Künstler. ▸I

52 Seerosenblätter „reinigen“ die Oberfläche eines Teichs, indem sie Blütenblätter einsammeln.

Strukturen im Sand - Äolische Formen

Alle Sanddünen sind verschieden – und dennoch ähneln sie sich auf eine bestimmte Weise. Die Ähnlichkeit geht auf einen einheitlichen Entstehungsmechanismus zurück. Zufall und Gesetzmäßigkeit gehen Hand in Hand.

„Ich geriet in eine Sandwüste. Meine Füße versanken beim Weitergehen in Dünen, die irgendwie alle verschieden und doch alle fast gleich waren. Je nachdem, von wo aus man sie betrachtete, sahen sie aus wie liegende Körper. Dort schien sich ein Arm abzuzeichnen, der auf einem zarten Busen ruhte, die geöffnete Hand unter eine liegende Wange geschmiegt, hier schien ein junger Fuß mit schlanker Zehe hervorzuragen. Ich hielt inne, um diese möglichen Analogien zu betrachten" (Calvino 1989, 62). Ähnliche Erfahrungen wird wohl ein jeder gemacht haben, der eine Sandwüste oder einen Sandstrand mit Dünen erlebt hat → **53**. Beeindruckend ist, dass diese soliden Formen durch unzählbar winzige Sandkörner hervorgebracht werden, die einem durch die Finger rieselnd alles andere als formbar zu sein scheinen.

„Angetrieben" wird die Formbildung durch Äolus, den Wind, der die Sandkörner vor sich her treibt und dabei über mehrere Größenord-

53 Typische Sanddünen, organisch wirkende Formen.

nungen hinweg ineinander verwobene Strukturen entstehen lässt. Zu den wesentlichen Prozessen der Strukturbildung des feinkörnigen Sands gehört die Saltation, durch die in den Windstrom geratene Sandkörner auf langgestreckten Kurven springend getrieben werden **54**. Die nach den Sprüngen auftreffenden Körner befördern meist mehrere neue Sandkörner in den Windstrom, der sie ihrerseits den Dünenhang hinauftreibt.

Auf der windabgewandten Seite rutscht der Sand den steilen Hang immer wieder in mehr oder weniger kleinen Lawinen hinab. Die Fortbewegung der Dünen erfolgt also durch den Transport des auf der windzugewandten Seite lagernden Sandes zur windabgewandten Seite.

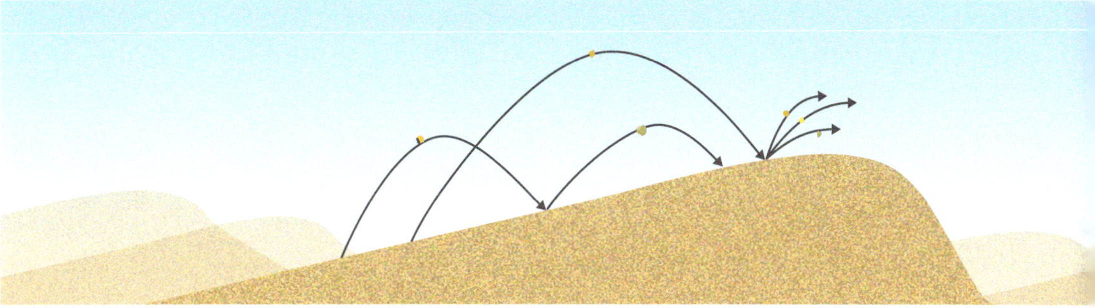

54 Schematische Darstellung der Saltation der Sandkörnchen auf der windzugewandten Seite eines Dünenhangs.

Da die Formen der Dünenlandschaft auf die Bewegungen des Windes zurückwirken, können äußerst komplex und unterschiedlich gestaltete Dünen entstehen.

Und weil leichte Körner höher springen als schwere, kommt es auch noch zu einer Entmischung, die meist zu einer Korngrößensortierung führt. Entsprechen den unterschiedlich dichten Körnern wegen der unterschiedlichen Herkunft auch noch unterschiedliche Farben, so können manchmal Maserungen des Sands entstehen, die an Holzskulpturen erinnern **55**.

Die Dünen haben meist keine glatte „Haut", sondern scheinen von Runzeln überzogen: Sandrippel. Es gibt sie in ganz verschiedenen Größen. Oft sieht man größere Rippel, die von klei-

Dass trotz der Flüssigkeit in der Substanz eine Solidität in der Form erreicht wird.

Italo Calvino

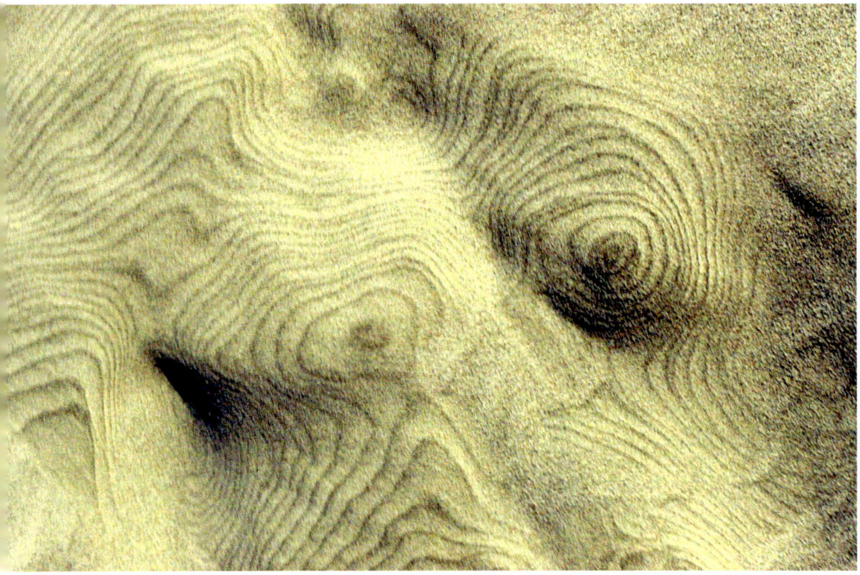

55 Entmischung von unterschiedlich großen/dichten Sandkörnern.

neren besetzt sind. Auch bei der Entstehung der Rippel spielt die Saltation eine wichtige Rolle. Der oftmals über weite Strecken konstante Abstand zwischen ihnen ist Ausdruck eines stationären Gleichgewichts: Im zeitlichen Mittel verlassen genauso viele Körnchen weitgehend einheitlicher Größe einen Rippel und landen beim nächsten. Dabei bestimmt die mittlere Sprungweite die „Wellenlänge" des Rippelmusters.

56 Sandrippel überziehen die Oberfläche der Dünen wie Runzeln ein Gesicht.

Auch die Rippel sind also in einem ständigen Auf- und Abbau begriffen und pflanzen sich über die Oberfläche einer Düne fort. Fußspuren, die bei Tage im Sand hinterlassen wurden, sind nachts bereits wieder mit Rippeln besetzt, bis sie schließlich wieder vollkommen vom Winde verweht werden ➔ **57**. Unterstützt wird die Saltation durch Luftwirbel, die sich zwischen den Rippeln entwickeln.

Sanddünen und Rippel führen uns vor, dass einzelne Sandkörnchen, die in der Schlichtheit ihrer Gestalt und Wechselwirkungen untereinander kaum zu unterbieten sind, einen enormen Reichtum an Formen hervorzubringen vermögen. Sie sind ein weiteres Beispiel für ein allgemeines Prinzip, das Luigi Pirandello so umschreibt: „Das Sein artikuliert sich notwendigerweise durch die Formen. Sie sind die Erscheinungen, die es sich schafft und denen wir die Qualität der Wirklichkeit zusprechen" (PIRANDELLO 1987, 25). ▸I

57 Sandrippel bei Mondschein. Die menschlichen Spuren werden bereits wieder von den Rippeln vereinnahmt.

Konkav/Konvex: So kann man sich täuschen

Manche Erfahrungen kann man nicht in der ungeteilten Realität machen, sondern in ihrer bildlichen Darstellung. Dazu gehört der merkwürdige Effekt, dass ein auf dem Kopf stehendes Bild eines Motivs mit Höhen und Tiefen nicht als ein solches erkannt wird, sondern der Höhen- und Tiefeneindruck einfach vertauscht wird.

Beim Betrachten von Urlaubsfotos aus den Dolomiten glaubte ich plötzlich eine völlig unbekannte Landschaft zu sehen, bis ich bemerkte, das Bild nur falsch herum zu halten. Anders als bei den meisten Bildern, Personen beispielsweise, bei denen man sofort erkennt, dass sie auf dem Kopf stehen, entstand hier etwas Neues: Aus dem Tal mit einem Bach war ein Höhenzug mit Kammweg geworden. Ähnlich eindrucksvoll ist das Phänomen mit der skurrilen Felsformation aus Kappadokien ➲ 58. Das erinnert an den sogenannten Necker-Würfel, ein Würfelskelett, das bei längerer Betrachtung in eine zweite Version umklappt

58 Felsige Landschaft mit Tücken, die sich zeigen, wenn man das Bild (das Buch) um 180° dreht und mit dem ursprünglichen Anblick vergleicht.

59. Man blickt nicht mehr seitlich, sondern schräg von oben in den Würfel.

Während sich beim Necker-Würfel die beiden Ansichten nach einer gewissen Zeit von selbst einstellen, muss man sie bei Bildern, die mit einer bestimmten Bedeutung behaftet sind, herbeiführen. Dazu muss das Bild um 180° gedreht werden, so dass die ursprüngliche Version nicht mehr aufrechterhalten werden kann und unser Gehirn eine neue Version findet: Aus dem Berg wird ein Tal und vice versa.

Interessant ist es, das Umklappen als solches zu erleben. Dazu wird das Bild (bzw. das Buch) allmählich auf den Kopf gedreht. Man wird überrascht feststellen, dass die ursprüngliche Version des Anblicks nicht schon auf halbem Wege bei 90° in die andere umklappt, sondern sehr lange aufrechterhalten werden kann bis hin zur kompletten Drehung um 180°. Dann genügt aber meist ein Augenzwinkern, und das Bild kippt in die inverse Ansicht. Dreht man auf dieselbe Weise das Bild in die ursprüngliche Lage zurück, so bleibt diesmal die gerade eingenommene neue Version ziemlich lange aufrechterhalten. Man hat es also mit einer Art Hysterese zu tun: Das Umkippen von der einen in die andere Version passiert nicht bei demselben Drehwinkel, sondern hängt davon ab, von welcher Version man ausgeht. Die Startversion ist jeweils bevorzugt und kann länger aufrechterhalten werden als die dazu inverse.

Diese bereits seit langem bekannte und bis in unsere Tage diskutierte optische Täuschung hat zahlreiche Aspekte und reicht vom Kippphänomen einer einfachen mehrdeutigen Zeichnung 59 bis zur Hohlmaske. Es sind daher nicht nur zweidimensionale Repräsentationen eines Wirklichkeitsausschnitts betroffen, sondern auch reale Objekte.

In der bereits 1786 von David Rittenhouse gegebenen klassischen Erklärung der Inversion bzw. Umstülpung von Oberflächen wird davon ausgegangen, dass Menschen dazu neigen, zweideutige dreidimensionale Muster gemäß dem gewohnten Lichteinfall zu interpretieren, der sich vor allem in der Schattierung bemerkbar macht. So ist es in der Lebenswelt wahrscheinlicher, dass Oberflächen von oben be-

> Was die Schönheit für Täler gehalten hat, waren in Wirklichkeit Berge.
>
> *Elfriede Jelinek*

leuchtet werden als von unten. Daher wird die Beurteilung, ob eine Oberfläche konkav oder konvex ist, mit großer Wahrscheinlichkeit von der Vereinbarkeit mit einer von oben kommenden Beleuchtung getroffen. Diese Erklärung trifft aber in unserem Fall nicht zu, weil das Licht in beiden Versionen von oben kommt.

Neben dem Beleuchtungsaspekt müssen daher auch noch andere Faktoren eine Rolle spielen. Aufgrund der durch die Gravitation gegebenen eindeutigen Unterscheidung von oben und unten ist es beispielsweise wahrscheinlicher, dass Oberflächen eher von oben als von unten betrachtet werden, wodurch die dreidimensionale Wahrnehmung wesentlich bestimmt wird. Das wäre in unserem Bild der Fall. Wenn es nicht zum Umklappen käme, würde man auf ein kopfüber schwebendes Tal blicken.

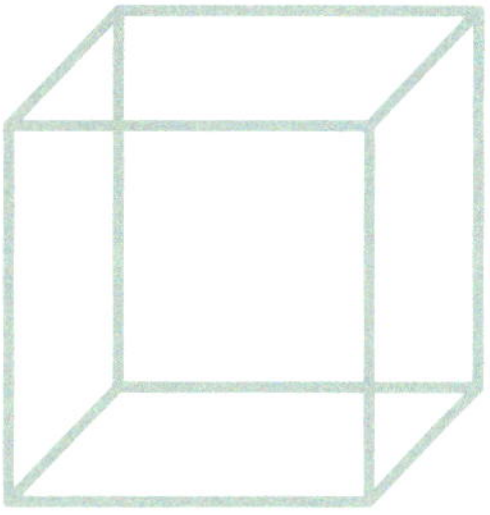

59 Der Necker-Würfel klappt bei längerer Betrachtung von einer Version in eine andere um.

Dieses Phänomen ist mehr als eine optische Täuschung, es ist eine den Glauben an die Objektivität des Sehens herausfordernde Erfahrung. Andererseits kann man sich auch fragen, ob man überhaupt von einer Täuschung sprechen kann, wo doch derartige Phänomene natürlicherweise gar nicht vorkommen, sondern nur durch menschliche Manipulation, durch Zeichnung oder Foto. Schon Lichtenberg wusste: „ ... sie können auch das Konkave so heraus pinseln daß ihr meint es wäre das Konvexe“ (Lichtenberg 1968, E 112). ▸|

Blätter mit kristallenen Rändern

Es ist erstaunlich, wie die Natur Ränder und Begrenzungen auf unterschiedliche Weise hervorzuheben vermag. In der kalten Jahreszeit können wir beobachten, wie Raureif und Eisnadeln vor allem die Ränder von Blättern verzieren.

Wenn die Temperatur unter den Gefrierpunkt sinkt und die maximale Luftfeuchte kleiner wird als die absolute, dann beginnt die Zeit der Kristallbildung – und seien es nur die Raureifkristalle an den Blättern der Pflanzen. Roger Caillois sieht in der Kristallisation ein allgemeines Prinzip realisiert: „Aus dem kristallisierten Weltall wird die Kurve wie jede andere Geschmeidigkeit und Launenhaftigkeit verbannt. In jedem Falle nur eine einzige Ordnung, die Nadel und die Pyramide, diese einzigartigen, deren zwingende Formel eine uralte Berechnung, die von niemanden stammt und sich allein der Architektur der Welt verdankt, bestimmt hat" (Caillois 1983, 104). Damit es jedoch zu einer Kristallisation kommt, müssen geeignete Bedingungen vorliegen. Vor allem muss es genügend feucht und kalt sein.

Es muss so feucht sein, dass bei der Abkühlung der Luft unter den Gefrierpunkt die Wasserdampfkonzentration den bei dieser Temperatur möglichen Maximalwert überschreitet. Denn je niedriger die Temperatur ist, desto weniger Wasserdampf kann in der Luft enthalten sein. Der überschüssige Wasserdampf muss sich verflüssigen oder zu Eiskristallen gefrieren. Sowohl die Kondensation des Wasserdampfes als auch die Kristallisation setzt das Vorhandensein geeigneter Kondensations- oder Kristallisationskeime voraus. Diese finden sich in Form von winzigen Härchen, Staubpartikeln, zerklüfteten Oberflächen u. Ä. vor und befinden sich vor allem an den Blatträndern 60. Ideale Kristallisationskeime sind bereits vorhandene Kristalle, an denen sich dann weitere Wassermoleküle anlagern und zu einem manchmal erheblichen Wachstum der Eiskristalle führen.

60 Wasser gefriert an den Rändern von Blättern.

Dass die Eiskristalle zunächst und bevorzugt an den Blatträndern entstehen und überleben, ist neben der Anwesenheit von Kondensations- und Kristallisationskeimen an diesen Stellen darauf zurückzuführen, dass die Randbereiche eines Blattes eine wesentlich größere Grenzfläche mit der kalten Umgebung teilen als in der Mitte des Blattes gelegene Bereiche. Das ist insbesondere dann der Fall, wenn die

Die Wahrheit liegt meist am Rande, nicht in der Mitte.

Henry Miller

Ränder auch noch zerklüftet und mit kleinen Härchen besetzt sind. Denn da der Wärmeaustausch mit der Umgebung über die Oberfläche erfolgt, kühlen die randständigen Bereiche entsprechend schneller aus als das übrige Blatt. Sie unterschreiten als Erste den Gefrierpunkt und erfüllen damit eine wesentliche Bedingung, dass es zur Kristallisation des Wassers oder des Wasserdampfes kommen kann.

Dass randständige Bereiche eines Objekts besonders schnell auskühlen, kennt man übrigens auch von Wohnungen in Mehrfamilienhäusern. Wohnungen mit wenigen Außenwänden haben im Schnitt geringere Heizkosten zu verzeichnen als die außen gelegenen.

Diese Eiskristalle, die man in ihrer Gesamtheit auch Raureif nennt, gedeihen aber nicht nur an den Blatträndern. Bei Blättern, die auch in den übrigen Bereichen mit Härchen und winzigen Auswüchsen besetzt sind, findet man auch an diesen Stellen günstige Kristallisationsbedingungen vor, so dass solche Blätter oft ganz mit Reif überzogen sind 61.

Das winterliche Randphänomen hat noch einen optischen Aspekt. Das Blatt erscheint, als wäre es gemalt und mit einem kräftigen weißen Strich umrandet. Hält man es gegen die Sonne, so flammt der Rand geradezu auf. Das Licht wird an den zahlreichen Kristallen vor allem in Richtung des Beobachters gestreut, und da die Kristalle auch noch transparent

61 Auch die kleinen Härchen auf den Blättern sind ideale Kondensations- und Kristallisationsstellen.

sind, scheint es so, als würden sie aus sich heraus leuchten.

Auch das auf der ganzen Fläche mit Kristallen besetzte Blatt kann wirkungsvoll zum Leuchten gebracht werden, wenn man, es gegen die Sonne haltend, flach darüber blickt. Das Streulicht kommt dann von der großen Zahl der Kristalle, die das Blatt in enger Staffelung besetzen.

Kaum jemand kann sich der ästhetischen Wirkung der Eiskristalle entziehen, die Thomas Mann in poetischer Umschreibung als Zaubersternchen bezeichnet. Keines sei dem anderen gleich, „eine endlose Erfindungslust in der Abwandlung und allerfeinsten Ausgestaltung eines und immer desselben Grundschemas, des gleichseitig-gleichwinkligen Sechsecks, herrschte da; aber in sich selbst war jedes der kalten Erzeugnisse von unbedingtem Ebenmaß und eisiger Regelmäßigkeit" (Mann 1967, 505).

Die Farben des Schnees

„Weiß wie Schnee“ sagt man und möchte damit die keiner Steigerung mehr fähige Weiße eines Gegenstands zum Ausdruck bringen. Doch stimmt die Aussage überhaupt? Dichter und Maler scheinen es besser zu wissen, wenn sie den Schnee in ganz unterschiedlichen Farben sehen.

Der Schnee kann so weiß und hell sein, dass er, statt die Sicht zu verbessern, zu Schneeblindheit führt. Denn da die zahlreichen Eiskristalle, aus denen der Schnee besteht, das auffallende Licht kaum durch Absorptionen getrübt diffus reflektieren, kommt an einem sonnigen Tage in einer schneebedeckten Landschaft das Licht nicht nur von oben, sondern auch von unten. Geblendet von überbordender Helligkeit sieht man in einer solchen Situation vor allem wegen fehlender Kontraste weniger statt mehr.

Der blaue Schnee liegt auf dem ebenen Land,
Das Winter dehnt. Und die Wegweiser zeigen
Einander mit der ausgestreckten Hand
Der Horizonte violettes Schweigen.

Georg Heym

Aber nicht deshalb erscheint der Schnee bei strahlendem Sonnenschein im Schatten eher blau als weiß 62 und nimmt bei untergehender Sonne auch schon mal einen bis ins Rötliche changierenden Farbton an 63. Vielmehr ist es die Eigenschaft des weißen Schnees, das Licht fast genau in der Farbe wiederzugeben, in der er angestrahlt wird. Beim beschatteten und daher nur vom blauen Himmel beleuchteten Schnee kann dieser gar nicht anders, als die Farbe des Himmelsblaus annehmen. Und wenn wir es nicht so sehen, dann vor allem deshalb, weil wir ja zu wissen glauben, dass der Schnee nicht anders als weiß sein kann.

Die Blaufärbung des Schnees wird manchmal auch noch durch einen physiologischen Effekt unterstützt. Der für weiß gehaltene Schnee hat bei tiefstehender Wintersonne deren gelb-

62 Wo der Schnee das Licht der Sonne diffus reflektiert, ist er weiß, im Schattenbereich, wo kein Sonnenlicht hinkommt, sondern nur das Licht des blauen Himmels, ist er blau.

liche bis rötliche Tönung übernommen. Wir sehen ihn trotzdem als weiß an, was nicht ohne Konsequenzen für die Farbwahrnehmung in den beschatteten Schneegebieten ist.

Dieser auch als chromatische Adaption bezeichnete Vorgang bedeutet, dass das gelblich-rötliche Licht physiologisch etwas „ins Blau verschoben" wird, um weiß zu erscheinen. Im Schatten führt das dazu, dass dessen schwaches Blau auf diese Weise noch intensiver erscheint. Aber Blau ist nicht die einzige Farbe, die im Schnee zu entdecken ist. Man sollte auf die Dichter hören, die oft mit großer Selbstverständlichkeit die Farben des Schnees beschreiben.

„O Wildschnee Buntschnee meiner Seele
Schnee
ein Blizzard zerbrochener Sterne
und Rosen aus Kristall
hört ihr die Schneemusik im Wintertal
das siebenfarbene Spiel
des aufgelösten Regenbogens"

Goll (1973, 196). Hier werden weitere Farben angesprochen. Sind sie lediglich Ausdruck der dichterischen Freiheit?

Wer an einem kalten sonnigen Tag durch die verschneite Landschaft spaziert, kann sich selbst davon überzeugen, dass im sonnenbeschienenen Schnee mit jeder Bewegung an immer wieder anderen Stellen Eiskristalle hell und in Abhängigkeit von der Blickrichtung in allen möglichen Spektralfarben aufblitzen ↘ 64. Sie sind in ihren Farben bei direktem Anblick gut zu erkennen, aber aufgrund der Winzigkeit der aufleuchtenden Kristalle auf einer normalen Fotografie kaum zu sehen. Fotografiert man bewusst etwas unscharf, so werden die Lichtpunkte leicht über eine größere Fläche verschmiert und gut erkennbar (siehe „Glitzernde Tautropfen in der Morgensonne").

Während die weißen Lichtblitze durch Reflexion passend orientierter Flächen winziger hexagonaler Eiskristalle entstehen, verdanken sich die farbigen Blitze der Brechung des Lichts beim Durchgang durch passend orientierte Eiskristalle. Da die einzelnen Farben des weißen Sonnenlichts in leicht unterschiedliche Richtung gebrochen werden, sieht der Betrachter genau die Farben, die in seine Blickrichtung ausgestrahlt werden. Je nach der zufälligen Orientierung der Eiskristalle sieht man von Kristall zu Kristall meist eine andere Farbe aufblitzen und kommt in den Genuss des siebenfarbenen Spiels des aufgelösten Regenbogens. ▸|

63 Die tief stehende Sonne verleiht dem Schnee eine leicht rötliche Farbe.

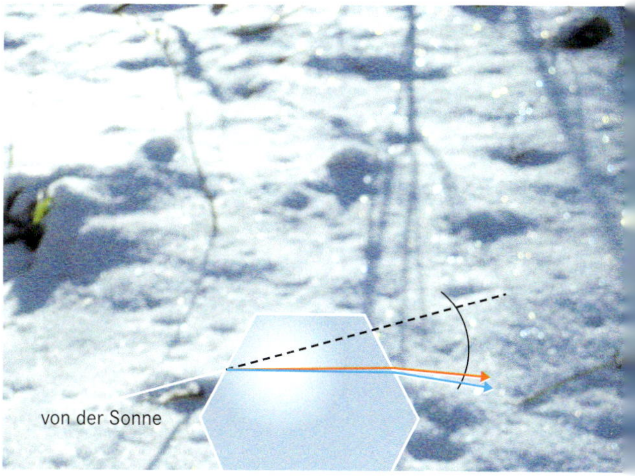

64 Weißes Licht wird durch die prismatischen Kristalle in einzelne Spektralfarben zerlegt. Die Eiskristalle blitzen dann in unterschiedlichen Farben auf.

Aufrechte Eiszapfen – eine seltene Spezies

Dass Eiszapfen mit der Spitze nach unten wachsen und ihr Dasein hängend fristen, wird oft als Selbstverständlichkeit angesehen. Erstaunlicherweise gibt es aber auch Eiszapfen, die mit der Spitze nach oben wachsen. Man kann sie zuweilen auf zugefrorenen Vogeltränken vorfinden, aber sie treten auch – noch seltener – in freier Natur auf.

Foto: Bruno Bender.

Immer höher türmt sich der Schnee in den Straßen; immer länger werden die Eiszapfen an den Dachtraufen; immer schwerer tauen am Morgen die gefrorenen Fensterscheiben auf!" (Raabe 1966, 188). So beschreibt Wilhelm Raabe eine typische Situation im Winter. Eiszapfen und zugefrorene Fensterscheiben sind in unserer Umwelt selten geworden – ein Erfolg der Energietechnik, die heute verhindert, dass Fenster zufrieren und Schnee auf den Dächern schmilzt. Noch seltener sind Eiszapfen, die scheinbar der Schwerkraft trotzen und nicht hängen, sondern stehen. Sie wachsen regelrecht nach oben **65**.

Die Entstehung derartig merkwürdiger Eiszapfen hat etwas mit der Merkwürdigkeit (Anomalie) des Wassers zu tun. Zum einen nimmt Eis ein größeres Volumen ein als das Wasser, aus dem es hervorgegangen ist. Man kennt das vielleicht von geborstenen Wasserrohren im Winter. Zum anderen frieren Seen von oben und wassergefüllte Behälter von den Rändern her zu. Daran haben wir uns gewöhnt und finden es normal. Vergleicht man aber Wasser mit anderen Flüssigkeiten, so erweist sich dieses Verhalten als große Ausnahme. Während die Dichte anderer Flüssigkeiten bei sinkender Temperatur zunimmt und nach dem Erstarren den größten Wert annimmt, gilt dies für Wasser nur bis zu einer Abkühlung auf 4 °C. Sinkt die Temperatur weiter, dann nimmt die Dichte wieder ab. Eis hat daher eine geringere Dichte als Wasser.

Damit es beim Gefrieren von Wasser zu stehenden Eiszapfen kommt, muss es sich zunächst in einem Gefäß oder – in freier Natur – in einer kleinen Senke **65** befinden und anfangs wärmer als 4 °C sein. Nimmt die Temperatur anschließend kräftig ab, so kühlt sich

65 Ein Eiszapfen wächst aus einer kleinen Wasserpfütze schräg nach oben.

das Wasser an der Oberfläche zunächst auf 4 °C ab und sinkt nach unten. Fällt die Temperatur schließlich unter 4 °C, so bleibt das kalte Wasser oben, weil bei noch tieferen Temperaturen die Dichte wieder abnimmt.

Wenn der Gefrierpunkt erreicht ist, erstarrt das Wasser zunächst an der Oberfläche und an den Gefäßwänden, an denen die Schmelzwärme leicht nach außen abgegeben werden kann. Wegen der mit sinkender Temperatur weiter abnehmenden Dichte des Wassers und des Eises wird ein größeres Volumen beansprucht. Dadurch gerät das eingeschlossene Wasser zunehmend unter Druck. Als Folge davon wird (flüssiges) Wasser durch die Schwachstellen

Die Berge haben ihre Spitzen oben die Eiszapfen unten.

Georg Christoph Lichtenberg

der im Allgemeinen ungleichmäßig zufrierenden Oberfläche herausgedrückt **66**. Wenn die Schwachstelle aus einem einzigen Loch in der Eisdecke besteht, kann es zur Zapfenbildung kommen: Das durch das Loch langsam herausgedrückte Wasser gefriert zunächst am Rand, denn nur dort kann die dabei freiwerdende Schmelzwärme genügend schnell an die kalte Außenwelt abgegeben werden. Im Innern bleibt es flüssig. Da dies auch für das weiter nachdrängende Wasser gilt, wächst allmählich eine Art Eisrohr aus der gefrorenen Oberfläche heraus. Das Längenwachstum dieses hohlen Eiszapfens kommt erst dann zum Stillstand, wenn kein Wasser mehr nachströmt und schließlich auch der Flüssigkeitsfaden im Zapfen von unten beginnend gefriert.

Wegen der Seltenheit der stehenden Eiszapfen reizt es natürlich, solche Zapfen selbst zu züchten. Eine gute Erfolgschance besteht,

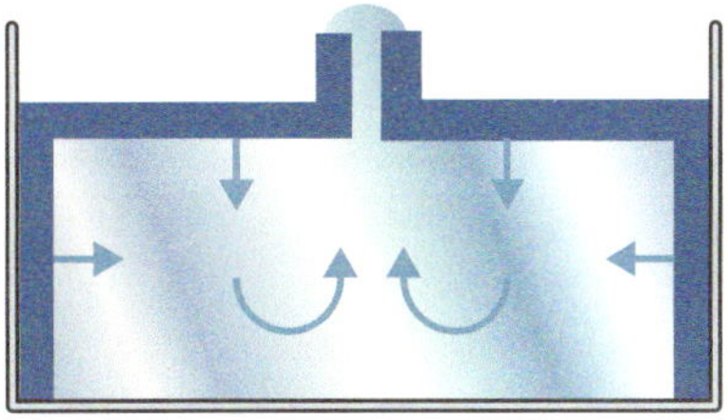

66 Durch den zunehmenden Druck der von außen wachsenden Eisschicht (dunkelblau) wird das Wasser (hellblau) aus der Öffnung herausgepresst.

wenn man Eiswürfelbehälter mit destilliertem Wasser füllt und in der Tiefkühltruhe gefrieren lässt **67**.

Die Bedingungen für die Entstehung von hängenden Eiszapfen sind wesentlich günstiger. Im Wesentlichen verdanken sie sich einem Wechselspiel zwischen Tauen und Gefrieren: „Es schneite, taute und fror wieder ... in so häufigem Wechsel, daß ... eine solche Menge Eiszapfen entstand, daß das ganze Land aussah wie ein großes Glasmagazin" (KELLER 1971, 361). ▸I

67 Eiszapfen, die bei -12° C in einem Eiswürfelbehälter gewachsen sind. Foto: Institut für Didaktik der Physik Münster.

68 Das reflektierte Sonnenlicht erscheint in den exakt fokussierten Wassertropfen weiß. Bei unscharfer Aufnahme (Hintergrund) treten die Farben sehr viel deutlicher hervor.

Glitzernde Tautropfen in der Morgensonne

Lässt man in der frühen Morgensonne den Blick über die feuchten Blätter von Pflanzen schweifen, so erlebt man, wie vereinzelte Tautropfen als funkelnde Edelsteine im Wechsel der Blickrichtung in verschiedenen Farben aufblitzen. Die Farben lassen sich mit einem fotografischen Trick hervorheben.

Der Fachdidaktiker und Pädagoge Martin Wagenschein schreibt in seinen „Erinnerungen für morgen“: „Wenn nach einem lang anhaltenden feinsten Regenschauer die helle Sonne durchbricht, können zartgliedrige Büsche einige ihrer zahllosen Tröpfchen wie gleißende Diamanten aufleuchten lassen, fast jeden in anderer Farbe. Auch in betautem Gras sieht man solche bunten Blüten hervorlugen; und in Harztränen, die aus verletzten Baumstämmen ausgetreten sind“ (Wagenschein 1983, 41).

Wie immer die Tropfen auf die Blätter geraten sind, durch einen feinen Regen oder durch Kondensation in einer kühlen Nacht – die tiefstehende Sonne entfaltet in ihnen ein glitzerndes Farbenspiel, sofern man sie aus der passenden Richtung betrachtet. Schaut man von einem festen Punkt aus auf das Tropfenmeer, so kann man mit leichtem Hin- und Herbewegen des Kopfes oft das ganze Farbspektrum von Rot nach Blau durchlaufen 68.

Das Licht wird in den Tropfen gebrochen und reflektiert. Weil das weiße Licht aus allen

Spektralfarben besteht und die Brechung bei kurzen Wellen stärker ist als bei langen, kommt es zu einer farblichen Zerlegung. Hat man die Sonne im Rücken, so sieht man Farben vor allem in einem Winkelbereich, der dem des Regenbogens entspricht und bei ca. 42° liegt (siehe „Regenbogen im Spinnennetz").

Da sich die Tropfen nicht nur in der Größe, sondern auch in der Form unterscheiden, weichen die Lichtwege durch die Tropfen mehr

> Die blitzenden Tautropfen sprühen im buntesten Glanze um uns hernieder.
>
> *Wilhelm Raabe*

oder weniger stark vom idealen Weg in einem kugelförmigen Tropfen ab, so dass anders als beim Regenbogen die Winkel der austretenden Lichtstrahlen in einem mehr oder weniger großen Bereich variieren. Nur in manchen Fällen,

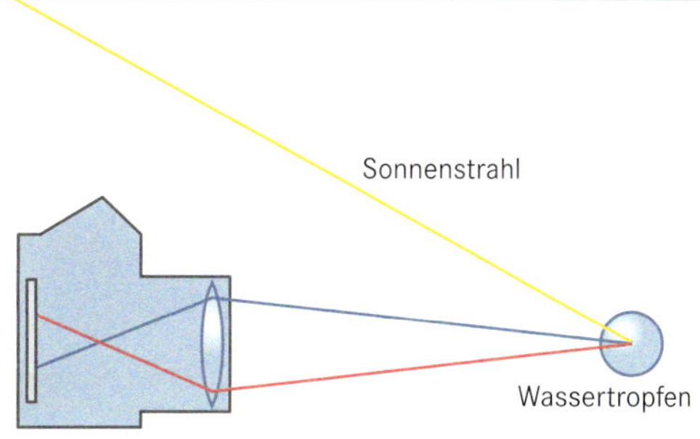

70 Bei unscharfer Abbildung wird ein noch weiß erscheinender Fleck spektral zerlegten Lichts aufgeweitet, so dass die Farben erkennbar werden.

wenn sich z. B. auf großflächigen Blättern kleine, weitgehend kugelförmige und gleich große Tropfen bilden, kann man abschnittsweise so etwas wie einen Regenbogen erkennen **69**.

Da einem Fotoapparat der selektive Blick des menschlichen Auges fehlt, fallen Fotos meist sehr ernüchternd aus **68** (Vordergrund): Die aus den Tropfen austretenden spektral zerlegten Lichtstrahlen liegen trotz der Brechung noch so dicht beieinander, dass

69 Andeutung eines Regenbogens auf einem Blatt, das bewusst unscharf fotografiert wurde.

71 Der Ausschnitt aus einer übertrieben defokussierten Aufnahme offenbart die Farbzerlegung durch Brechung besonders deutlich.

sie auf der Filmebene des Fotoapparats meist nur zum weißen Fleck gemischt erscheinen. Fotografiert man jedoch mit einer gewissen Unschärfe **70**, dann treten an den zu kleinen Scheibchen verschmierten Lichtpunkten die Farben oft in eindrucksvoller Pracht hervor **71**.

Ganz ähnlich ist es bei einem weißen Computerbildschirm. Er erscheint weiß, weil die drei RGB-Farbpixel (rot, grün, blau) so dicht beieinander liegen, dass sie vom Auge nicht getrennt wahrgenommen werden können. Wenn man jedoch kleine Wassertropfen auf den Bildschirm spritzt, kann man ein ähnliches Farbglitzern hervorbringen wie bei den unscharf abgebildeten Tautropfen. Leider bleibt das Weiß beim Abfotografieren weitgehend auf der Strecke **72**. Im Unterschied zum natürlichen Phänomen liegen hier die verschiedenen Farben bereits getrennt vor. Sie werden durch die Tropfen lediglich zusätzlich gebrochen, was zu einer Vergrößerung der Farbaufspaltung führt. Demgegenüber erfolgt durch die Brechung des weißen Sonnenlichts in den Tröpfchen auf dem Gras überhaupt erst eine Trennung in Farben, die dann durch die Unschärfefotografie verstärkt wird. ▸I

72 Wassertropfen auf einem weißen Flachbildschirm, die in den RGB-Farben aufblitzen.

Im Haus

Aus eins mach drei

Farbringe auf verschmutzten Fensterscheiben

Ein Weinglas vor dem Monitor

Eine Welt im Tröpfchen

Fenster – Rutschbahnen für Wassertropfen

Eisblumen am Fenster – eine bedrohte Art

Fliegen in irisierender Farbenpracht

Unerwartete Farben in transparenter Blumenfolie

Aus eins mach drei

Schaut man genau in der Mitte durch ein gefülltes Weinglas auf einen dicht hinter dem Glas gehaltenen Stift, so spreizt sich das Bild des Stifts zu einer Art dreiarmigen Lüster. Dieses reizvolle Phänomen wird durch die besondere Form der Lichtbrechung in der Flüssigkeit hervorgerufen.

Es muss nicht unbedingt Wein sein, durch das ein System erzeugt wird, Wasser ist ebenso gut. Das System besteht darin, dass beim Blick durch ein mit Flüssigkeit gefülltes bauchiges Glas ein direkt hinter dem Glas befindlicher Gegenstand eine wunderbare Verdreifachung zu erfahren scheint. Ein gewöhnlicher Gegenstand, in diesem Fall ein Bleistift, wird zu einem ästhetisch ansprechenden dreifaltigen Gebilde 73 (links), das sich durch leichte Blickpunktverschiebungen in kreativer Weise künstlerisch gestalten lässt.

Normalerweise sieht man durch das gefüllte Glas hindurch entfernte Gegenstände kopfstehend und seitenverkehrt abgebildet 74. Wenn sich aber ein Gegenstand direkt hinter dem Glas befindet (innerhalb der einfachen Brennweite des als Sammellinse fungierenden bauchigen Glases), erwartet man ein aufrecht stehendes, seitenrichtiges vergrößertes Abbild des Originals. Diese Erwartung wird teilweise erfüllt und teilweise enttäuscht. Einen schlanken Gegenstand wie einen hinter das Glas gehaltenen Bleistift sieht man zwar einmal richtig, aber dafür zusätzlich zweimal deformiert 73.

Angesicht eines solchen überraschenden Phänomens ist man schon erleichtert, dass wenigstens der mittlere Teil der geometrisch optischen Erwartung entspricht. Für die beiden Seitentriebe des Stifts wird oft spontan eine spiegelnde Reflexion als mögliche optische Ursache angesehen. Doch diese Vermutung erweist sich als falsch.

Zeichnet man die Wege des vom Gegenstand ausgehenden Lichts nach, indem man ein Lichtbündel in der Mitte und zwei Bündel am Rande auf ihrem mehrfach gebrochenen Weg durch das Glas hindurch verfolgt, so zeigt sich, dass dem Betrachter in der Tat Licht ins Auge fällt, das von drei unterschiedlichen Orten zu kommen scheint 75. Das Auge bekommt also gleich drei Bilder der Lichtquelle zu sehen: neben dem normalen Bild zwei weitere am Rand. (Der Einfluss der Brechungen am Glas kann wegen Geringfügigkeit vernachlässigt werden.)

73 Links: Ein dicht hinter ein Weinglas gestellter Stift wird mehrfach abgebildet. Rechts: Schon bei leicht unterschiedlichem Blickwinkel kommt es zu interessanten Deformationen der Bilder.

Während man die Mehrfachabbildung bei optischen Linsen als äußerst störend empfindet und als sphärische Aberration (wörtlich: Abirrung) diskreditiert, kann man sie bei der Betrachtung durch das Weinglas als überraschendes, reizvolles Phänomen genießen. Die sphärische Aberration beruht darauf, dass dicke Linsen – im vorliegenden Fall das Weinglas – keinen eindeutigen Brennpunkt haben und Randstrahlen stärker abgelenkt werden als solche, die senkrecht auf das Glas auftreffen.

Das Phänomen kommt dadurch zustande, dass die Zunahme des Brechungswinkels mit zunehmendem Einfallswinkel eine Grenze hat: Nach Erreichen eines Maximalwinkels nimmt der Brechungswinkel wieder ab. Dieser Wechsel macht sich durch überkreuzende Lichtstrahlen

Wie oft ein Glas Wein ein System erzeugt.

Georg Christoph Lichtenberg

bemerkbar, wodurch eine weitere Abbildung des Bleistifts mit einer Seitenvertauschung der gelben und schwarzen Hälfte entsteht.

Bliebe nur noch die Krümmung der Randbilder zu erklären: Durch die Betrachtung von oben bleibt die Aussage auf eine Ebene der (nahezu) Zylinderlinse beschränkt. Sieht man das kugelige Weinglas an, als sei es aus vielen solchen flachen Zylinderlinsen mit sphärisch variierendem Durchmesser aufgebaut, so ergibt sich die Krümmung aus der Zusammensetzung der jeweiligen Randpunkte. Je kleiner der Durchmesser der gedachten flachen Linsen wird, desto enger rücken die drei Abbilder zusammen, um schließlich ganz zu verschmelzen, wie es im unteren Bereich von Abbildung 73 zu beobachten ist.

Woher kommt die ästhetische Wirkung des dreifaltig verzerrten Bildes eines Bleistifts? Handelt es sich um ein Kunstwerk? Jedenfalls illustriert es besonders deutlich, „was wohl jedes gelungene Kunstwerk auszeichnet: die Fähigkeit, uns einen verzerrten oder vernachlässigten Aspekt der Wirklichkeit neu vor Augen zu führen“ (DE BOTTON 2003, 123).

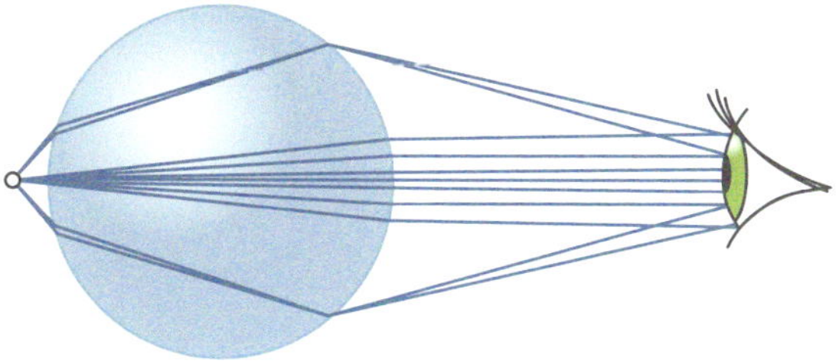

75 Lichtweg: Die Strahlen, die von der Punktlichtquelle ausgehen, werden am Wasser gebrochen. Der Übersicht halber wurden nur wenige Strahlen eingezeichnet und Reflexionen wurden nicht einbezogen.

74 Blick durch ein Weinglas auf einen fernen Gegenstand.

Farbringe auf verschmutzten Fensterscheiben

Beschmutzte Fensterscheiben können ein farbiges Interferenzphänomen hervorbringen, das durch eine subtile Überlagerung von an Staubpartikeln gestreutem und an der Scheibe reflektiertem Licht zustande kommt. Der aufmerksame Beobachter wird diesen bislang nur aus der Laborphysik bekannten optischen Effekt in zahlreichen weiteren Alltagssituationen beobachten können.

„Zahlreichere und größere Fenster erlaubten dem Licht, weiter in die Wohnungen einzudringen und die Hausfrauen bei der gründlichen Entfernung des Staubs zu unterstützen. Dieser Triumph über den Staub war aber kein ehrenvoller Sieg für die Frauen" (AMATO 2001, 21). Das Ehrlose an dem Sieg könnte auch darin gesehen werden, dass mit der „gründlicheren Entfernung des Staubs" der Menschheit ästhetisch ansprechende Farbphänomene verloren gingen, wie die folgende Begebenheit zeigt.

76 Quételetringe auf einem verschmutzten Fenster im Lichte der Sonne. Auf der Scheibe spiegelt sich schemenhaft ein Hochhaus.

Bei dem Versuch, eine Spiegelung auf der Glastür eines verlassenen Bahnhofs zu fotografieren, wurde aufgrund der einsetzenden Dämmerung automatisch das Blitzlicht ausgelöst. Die lichtschwache Spiegelung wurde dadurch überstrahlt; aber wie zum Ausgleich für den Verlust war der Reflex des Blitzlichts von ringförmigen Farbstreifen umgeben.

Da das Phänomen nur an verschmutzen Scheiben auftritt, spielen die Schmutzpartikel eine wesentliche Rolle bei der Entstehung der Farben. Es handelt sich um Quételet'sche Ringe, die bisher wohl nur im Laborexperiment eine Rolle gespielt haben. Man kann sie nicht nur auf Fenstern 76, sondern auch an Stellen vorfinden, an denen sie an sich nicht zu erwarten sind 77. Sie treten sogar in der freien Natur auf.

> Jede Oberfläche hat Lust auf Staub.
>
> *Joseph Brodsky*

Typisch für dieses Phänomen ist, dass der Lichtreflex – anders, als man es beispielsweise von Koronen um die Sonne her kennt – im Allgemeinen nicht im Zentrum liegt, sondern auf einem der Ringe. Dieser Ring ist dann weiß, und links und rechts davon erscheinen die Ringe in umgekehrter Farbreihenfolge.

Um die Farberscheinung zu erklären, gehen wir von zwei Lichtstrahlen[1] aus, die möglichst von demselben Punkt der Lichtquelle stammen und somit in einer festen Phasenbeziehung stehen (Kohärenz). Das heißt praktisch, dass die Lichtquelle möglichst weit von der bestaubten Scheibe entfernt sein und das Licht nahezu senkrecht einfallen muss 78.

77 Quételetringe auf einem aus künstlerischen Erwägungen mit Spiegelfolie ausgelegten Fußboden.

Zu Farben kommt es, wenn sich je zwei Lichtstrahlen im Auge des Betrachters überlagern, nachdem der eine zunächst an einem Staubpartikel (oder, bei der Spiegelfolie, an Kratzern) gebeugt und anschließend an der hinteren Grenzschicht reflektiert wird und der andere umgekehrt zunächst reflektiert und dann an demselben Partikel (oder Kratzer) gebeugt wird: Aufgrund der unterschiedlichen Reihenfolge von Beugung am Teilchen und Reflexion an der Scheibe legen die entsprechenden Strahlen geringfügig unterschiedliche Wege zurück **78**. Je nachdem, ob dieser Wegunterschied ein ganzzahliges oder halbzahliges Vielfaches einer bestimmten Wellenlänge beträgt, kommt es zur Verstärkung oder Auslöschung der zugehörigen Farbe des weißen Lichts. Das führt insgesamt zu der beobachteten spektralen Zerlegung in Farben.

[1] Auch wenn der Einfachheit halber von Lichtstrahlen die Rede ist, kommt es hier auf die Welleneigenschaften des Lichts an. Die Lichtstrahlen bezeichnen den senkrecht auf einer Wellenfront stehenden Vektor und geben die Ausbreitungsrichtung an.

Jedes Staubteilchen ruft ein eigenes Ringsystem hervor. Aber erst die Überlagerung der Ringsysteme vieler Teilchen summiert sich zu einer wahrnehmbaren Intensität.

Um die weiteren Feinheiten des Phänomens auszuloten, kann man sich mit Hilfe eines eingestaubten Haushaltsspiegels sein eigenes Quételet'sches Ringsystem herstellen. Beleuchtet man aus möglichst großer Entfernung den Spiegel mit einer hellen Leuchte, die man in Augenhöhe so auf den Spiegel richtet, dass das Licht ins Auge reflektiert wird, so erscheint der Reflex von Interferenzfarben umgeben. Die Farben sind meist viel intensiver als bei einer Fensterscheibe, weil die metallisch bedampfte Rückseite des Spiegelglases nahezu alles auftreffende Licht reflektiert.

Angesichts der ästhetischen Wirkung von Schmutz betreten wir mit diesem Phänomen „Kontinente des Unbrauchbaren, des Nutzlosen, des Phantastischen, des Schönen, des Chaotischen, die zu bereisen zu den größten Wonnen des Geistes gehören" (CHARGAFF 1989, 41). ▸I

78 Überlagerung zweier kohärenter Lichtstrahlen, die abwechselnd an der Scheibe reflektiert und an Staubteilchen gestreut wurden.

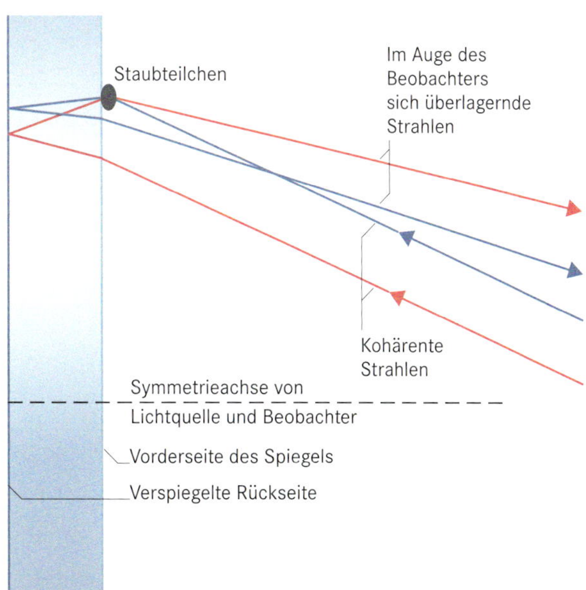

Ein Weinglas vor dem Monitor

Ein Computerbildschirm ist u. a. auch eine Lichtquelle - mit besonderen Eigenschaften. Darüber bekommt man Aufschluss, wenn das Licht gebrochen wird und dabei Farberscheinungen hervorbringt.

Als bei einer längeren Sitzung am Computer das Weinglas zufällig dicht vor den Flachbildschirm geriet, zeigte sich ein Phänomen der besonderen Art. Zwei farbige Ringsysteme schmückten das Glas sowohl auf der linken als auch auf der rechten Seite **79**. Ist schon das Zustandekommen der farbigen Ringe an sich bemerkenswert, so erstaunt es noch mehr, dass sich die Farben auf beiden Seiten unterscheiden. Links dominieren die Farben Gelb, Rot und Blau, rechts sind es Türkis, Rot und Orange. Was ist der Ursprung der Farben und warum unterscheiden sie sich?

Abgesehen von seiner besonderen Aufgabe, Informationen zu visualisieren, ist ein Bildschirm eine Lichtquelle geringer Intensität. Schaut man sich den Bildschirm mit einer Lupe (oder durch das gefüllte Weinglas) von Nahem an, so erkennt man, dass die Farben durch kleine Rechtecke (Pixel) in den RGB-Farben Rot, Grün und Blau dargestellt werden. In Abbildung **80** ist ein abfotografierter Ausschnitt eines weißen Bildschirms stark vergrößert dargestellt. Offenbar genügt es, die RGB-Farben nur dicht genug nebeneinander zu platzieren, um im entfernten Auge des Betrachters den Farbeindruck Weiß hervorzurufen. Der weiße Bildschirm besteht aus senkrechten Streifen dieser Farben in der Reihenfolge Rot, Grün, Blau (von links), die durch schmale schwarze Streifen getrennt sind **80**.

Das Licht dieser Streifen wird durch das Weinglas hindurch gesehen und dabei gebrochen, also etwas aus der ursprünglichen

Die besten Vergrößerungsgläser für die Freuden dieser Welt sind jene, aus denen man trinkt.

Joachim Ringelnatz

Richtung abgelenkt. Aufgrund der leicht sphärischen Form wirkt das Glas ähnlich wie eine Lupe und vergrößert die Struktur des Bildschirms, denn es steht so dicht vor dem Bildschirm, dass dieser sich im Bereich der einfachen Brennweite befindet. Nur aufgrund dieser Vergrößerung werden die Linienstrukturen des Bildschirms überhaupt sichtbar. Normalerweise soll der Bildschirm die Illusion einer kontinuierlich weißen Fläche erzeugen.

Da das Licht zum Rande des Glases hin unter immer größerem Winkel auf den durch das Glas geformten Wasserkörper auftrifft, wird es

79 Farbige Ringsysteme auf der linken und rechten Seite des vor einem Flachbildschirm stehenden Weinglases.

durch die Brechung immer stärker aus der ursprünglichen Richtung abgelenkt. Dadurch wird die Verzerrung der senkrechten Farbstreifen immer ausgeprägter, so dass diese der sphärischen Form des Glases folgend zu den Rändern hin immer mehr auseinander- und schließlich ringförmig ineinander zurücklaufen.

Weil blaues Licht stärker gebrochen wird als grünes und dieses stärker als rotes, kommt es zur Überlagerung des von den einzelnen Lichtstreifen ausgehenden Lichts. Dadurch entstehen andere Farben als die Grundbestandteile Rot, Grün, Blau des weißen Lichts – z. B. Gelb, Türkis und Orange.

Das Licht wird sowohl an der linken wie an der rechten Grenzfläche gebrochen, allerdings in entgegengesetzter Richtung. Weil aber die Farbreihenfolge der Streifen des Bildschirms dieselbe bleibt, kommt es jeweils zur Überlagerung anderer Farben.

Übrigens wird weißes Licht (mit einem kontinuierlichen Spektrum, z. B. Sonnen- oder Glühlampenlicht), das von weißen Streifen ausgeht, durch das Weinglas in ähnlicher Weise farblich zerlegt und geometrisch verformt. Das kann man leicht nachprüfen, indem man das Weinglas beispielsweise vor ein Muster aus schwarzen Linien stellt, die man mit Bleistift auf einem Blatt Papier gezogen hat 81. In diesem Fall sind die Farben auf beiden Seiten des Glases gleich. Denn das weiße Licht besteht aus einem kontinuierlichen Spektrum, in dem es nicht so etwas wie eine geometrische Anordnung von Farben gibt.

Doch warum genügt es nicht, das Weinglas vor ein weißes Blatt Papier zu stellen, um ein kontinuierliches Farbspektrum zu sehen? Weil die farbigen Strahlen, kaum getrennt, sich auf dem Papier mit benachbarten Strahlen wieder zu Weiß mischen. Um dies zu vermeiden, ist der Wechsel aus hellen und dunklen Streifen auf der Unterlage nötig. Letztere bilden Lücken, die selbst kein Licht ausstrahlen und gebrochenes, farbiges Licht, das gewissermaßen in sie hineinfällt, aus dem Spektrum entfernen. Ohne diese Farben kann aber nicht wieder Weiß entstehen. Diese Frage hat schon Goethe bewegt, als er durch ein Prisma auf eine weiße Fläche blickte und sah, dass sie „nach wie vor weiß blieb, daß nur da, wo ein Dunkles dran stieß, sich eine mehr oder weniger entschiedene Farbe zeigt, daß zuletzt die Fensterstäbe am allerlebhaftesten farbig erschienen, indessen am lichtgrauen Himmel draußen keine Spur von Färbung zu sehen war“ (Goethe 1987, 295f).

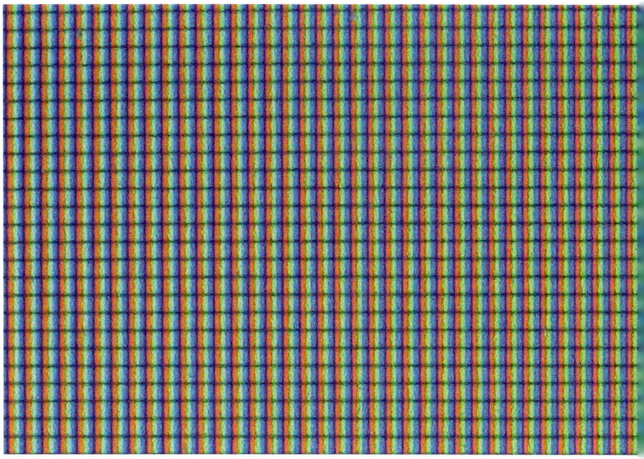

80 Ausschnitt des abfotografierten weißen Bildschirms. Jeder weiße Pixel entsteht durch Mischung der drei Farben Rot, Grün und Blau.

81 Weinglas vor einem Blatt Papier mit Bleistiftlinien.

Eine Welt im Tröpfchen

Regen hinterlässt Wassertropfen an den Fensterscheiben, die sich bei näherer Betrachtung als Miniaturgalerie zahlreicher winziger Abbilder der Umgebung erweisen. In Tropfenform wirkt Wasser wie eine Sammellinse.

82 Ein Blick durch eine mit Regentropfen gesprenkelte Fensterscheibe. In den Tropfen sind die kopfstehenden Bilder zu erkennen.

Normalerweise vermitteln nasse Scheiben eher den Eindruck eines getrübten Durchblicks als den einer neuen Einsicht. Aber wer sich eine benetzte Scheibe etwas genauer ansieht, wird feststellen, dass es die Trübung in sich hat. Zunächst fällt auf, dass die anhaftenden Tropfen ein einheitliches Aussehen aufweisen. In den meisten Fällen wird man bemerken, dass sie unten hell und oben dunkel erscheinen.

Die Ursache erschließt sich einem, wenn man ganz nahe an einzelne Tropfen herantritt. Es zeigt sich, dass jeder individuelle Tropfen, ob groß oder klein, den gegenüberliegenden Ausschnitt der Welt abbildet → 82. Er fungiert als Sammellinse und zeigt ein seitenverkehrtes und kopfstehendes Bild der Welt. Der Durchblick wird also nicht durch mangelnde, sondern durch zu viel Information getrübt. Die Tropfen wirken in ihrer Gesamtheit wie ein polyedrisches Glas, das ebenfalls aus zahlreichen Linsen besteht und mit dem schon Georg Christoph Lichtenberg gegen die Uniformität der Soldaten gestichelt hat, wenn er sagt: „Ob ich einen Soldaten durch ein polyedrisches Glas, oder eine Compagnie würklicher mit bloßen Augen ansehe, auf der Netzhaut ist beides einerlei" (Lichtenberg 1968, C 313). Der Blick durch ein polyedrisches Glas ist ähnlich beeindruckend wie ein ebenfalls auf optischer Vervielfachung beruhendes Kaleidoskop. Als Sehhilfen sind sie jedoch völlig ungeeignet, weil die Information lediglich viele Male kopiert wird.

Doch wie kommt es zur Linsenform der Tropfen am Fenster? Wie jedermann weiß, bleiben Regentropfen nach einem Regenguss am Fenster haften, obwohl sie durch die eigene Gewichtskraft nach unten gezogen werden. Offenbar hat die Scheibe dem etwas entgegenzusetzen. Glasscheiben und Wasser „mögen" sich, was soviel bedeutet wie: Die Tropfen ziehen die gemeinsame Grenzfläche mit dem Glas derjenigen mit der Luft vor. Zur Ausbildung der Glas-Wasser-Grenzfläche ist weniger Energie erforderlich als für eine Luft-Wasser-Grenzfläche, und die Natur zieht es, allgemein gesprochen, vor, so viel Energie an die Umgebung abzugeben wie unter den gegebenen Umständen möglich (2. Hauptsatz der Thermodynamik).

Man kann auch sagen, dass die Adhäsionskraft zwischen Glas und Wassertropfen größer

Hast du mal gesehen,wie sich in einem Tautropfen die ganze Welt spiegelt? Oben die Erde, unten der Himmel? Das Auge ist wie solch ein Tautropfen. Die ganze Welt beschaut sich in ihm.

Hugo Kükelhaus

ist als die Gewichtskraft des Tropfens. Weil die Gewichtskraft proportional zum Volumen des Tropfens (bei Kugelform: Radius hoch 3) wächst, die Adhäsionskraft aber nur proportional zur gemeinsamen Grenzfläche (Radius hoch 2), „überholt" die Gewichtskraft bei einer bestimmten kritischen Tropfengröße die Adhäsionskraft und der Tropfen rutscht an der Scheibe hinab. Daher kann man auf einer Scheibe – am besten, nachdem der Regen nachgelassen hat – nur Tropfen bis zu einer bestimmten Maximalgröße sehen (siehe auch: „Fenster – Rutschbahnen für Wassertropfen").

Die Linsenform der Tropfen an den Fenstern ist übrigens ein Kompromiss zwischen der Maximierung der Grenzfläche mit der Scheibe und der Minimierung der Grenzfläche mit der Luft. Je größer die Grenzfläche mit der Scheibe ist, desto mehr Energie kann an die Umgebung abgegeben werden. Damit jedoch nimmt die

83 Blick durch eine Glaskugel.

Abweichung des Tropfens von der Kugelform zu, und das wiederum führt zur Vergrößerung der Grenzfläche mit der Luft, wodurch die benötigte Grenzflächenenergie vergrößert wird. Dazwischen gibt es ein Optimum, das in der Linsenform des Tropfens zum Ausdruck kommt.

Ob ein Regentropfen nun die ganze Welt spiegelt, wie es Kükelhaus am Tautropfen bewundert, oder diese Welt – wenn auch kopfstehend und seitenverkehrt – abbildet, die Bewunderung ist ihm auf jeden Fall sicher. Lichtenberg geht noch einen Schritt weiter, indem er die „Welthaltigkeit" von Regentropfen auch noch auf die Substanz des Wassers bezieht: „Ein Regentropfen ist eine ganze Welt, denn er enthält alle 4 Elemente." Er könne deshalb als Lauge der Atmosphäre angesehen werden, „weil er alles in sich enthält, was in derselben herum schwimmt" (Lichtenberg 1971, KA 186). Aber das ist eine andere Geschichte. ▸|

Fenster – Rutschbahnen für Wassertropfen

Kalte Fensterscheiben können beschlagen. Unter der Voraussetzung hoher Luftfeuchte überziehen sie sich mit zahlreichen winzigen Wassertröpfchen, die bei einer bestimmten Größe herunterrutschen.

„Unentwegt lösten sich Wassertropfen an der beschlagenen Fensterscheibe; wie langsam sich verzweigende Blitze leuchteten die klaren Farben des Wintertags in ihren Bahnen auf, ein zähes Durchdringen der Wirklichkeit“ (LEHR 1995). Hier beobachtet ein Schriftsteller einen Vorgang, der heute selten geworden ist und am ehesten noch an Badezimmerfensterscheiben oder -spiegeln zu beobachten ist: Wasserdampf, der an kühlen Flächen zu Tropfen kondensiert.

In jedem Raum enthält die Luft Wasserdampf. Wenn die Konzentration an Wasserdampf unter den gegebenen Bedingungen einen bestimmten Wert überschreitet, kondensiert der überschüssige Dampf zu Wasser. Die maximale Dampfkonzentration (maximale Luftfeuchte) ist umso höher, je wärmer es in dem Raum ist. Wenn also bei hoher Luftfeuchte die Temperatur sinkt und infolgedessen der Maximalwert überschritten wird, dann muss sich Dampf verflüssigen.

An einer Fensterscheibe, die direkt mit der kalten Außenluft in Verbindung steht, kann der Taupunkt lokal überschritten werden, so dass sich die Scheibe mit zahlreichen, zunächst winzigen Wassertröpfchen überzieht 84. Noch häufiger beobachtet man heute einen solchen Vorgang an Trinkgläsern, die mit kühlen Getränken gefüllt sind und daher von außen beschlagen.

Damit ein Tropfen aus Dampf geboren werden kann, muss eine Grenzfläche zwischen Wasser, Luft und Glas ausgebildet werden. Das erfordert Grenzflächenenergie. Zwar wird mit der Verschmelzung einzelner Wassermoleküle zu einem Verband Bindungsenergie frei, aber für die Grenzflächenenergie eines Tropfenembryos reicht sie nicht aus. Denn kleine Tropfen haben

84 Durch Kondensation entstandene Tröpfchen bedecken die Fensterscheibe. Einige abgleitende größere Tropfen haben Schneisen in den ansonsten ziemlich gleichförmigen Tropfenbelag gezogen.

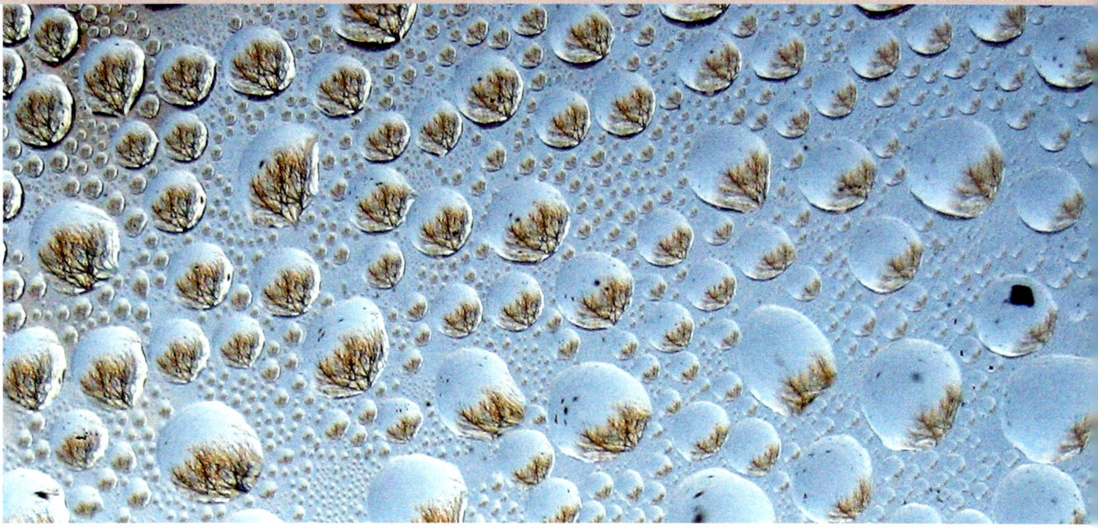

85 Hängende Tropfen an einem Glasdach. Dort wo zu groß gewordene Tropfen abfallen, bilden sich sofort neue nach. In den Tropfen spiegelt sich ein vor dem Gebäude stehender Baum.

bezogen auf ihr Volumen eine größere Grenzfläche als große (siehe: „Selbstreinigende Pflanzenblätter"). Begünstigt wird die Geburt von Tropfen durch Kondensationskeime. Das sind z. B. winzige Schmutzpartikel an der Scheibe. Zur Ausbildung einer Grenzfläche zwischen diesen Schmutzpartikeln und dem Wasser ist weniger Grenzflächenenergie nötig, als es in der Luft oder an einer keimfreien Scheibe der Fall wäre.

Ist der Tropfen einmal geboren, schreitet sein Wachstum unaufhörlich fort, denn für die Anlagerung weiterer Wassermoleküle aus der Luft bildet ein bereits bestehender Tropfen einen idealen Keim.

Die Tropfen an der Scheibe sitzen ziemlich fest, solange sie noch klein sind. In dem Maße aber, in dem der Tropfen wächst, gewinnt die Schwerkraft überproportional an Einfluss (siehe: „Eine Welt im Tröpfchen"). Infolgedessen wird der Tropfen in die Länge gezogen, gerät bei einer kritischen Masse vollends ins Rutschen und läuft schließlich an der Scheibe herunter. Dabei kann es zu lawinenartigen Erscheinungen kommen, weil der hinabeilende Tropfen nach dem Schneeballprinzip die auf seinem Wege liegenden Tropfen gleich mit einsammelt und schließlich mit einer beträchtlichen Geschwindigkeit und Größe auf der Fensterbank landet. Manchmal kann es aufgrund der inhomogenen Verunreinigung der Scheibe zu Stockungen und Verzweigungen der Tropfenspur kommen. Bei einer waagerechten Scheibe, z. B. an einer Glasdecke im Wintergarten, fällt der zu schwer gewordene Tropfen einfach ab und hinterlässt ein Feld für neue Tropfen ⇨ **85**.

Trinkgläser mit einem kühlen Getränk können dazu verleiten, sich in die subtilen Prozesse der Musterbildung zu versenken: „Die Kondensation auf dem Silberwasserglas bildete Muster, ... einen Flaum aus winzigen Tröpfchen wie das Geweih eines Rentiers, und dann trat ein Tröpfchen aus der Reihe und tat sich mit anderen zusammen, und plötzlich glitt eine große Tropfenkuppel, die einiges von dem sie umgebenden Flaum aufgesogen hatte und zu schwer geworden war, um sich an seinem Ort ... zu halten, zwei Zentimeter abwärts, gewann dann weiter an Stärke und glitt, die Richtung ändernd, um einem unsichtbaren Widerstandspunkt auszuweichen, weitere zwei Zentimeter hinab. Schließlich waren fünf, sechs solcher Spuren da" (BAKER 2004,54). ▸I

> Es regnete, und das Kind zeichnete mit dem Finger versonnen kleine Figuren auf das beschlagene Fensterglas.
>
> *Paul Nizon*

Eisblumen am Fenster – eine bedrohte Art

Die glatten Eisflächen einer zugefrorenen Wasserpfütze oder eines zugefrorenen Sees sind die heute wohl bekannteste Art, in der uns Eis natürlich und urwüchsig entgegentritt. Dabei bleibt das Phänomen des Gefrierens weitgehend auf den Übergang vom flüssigen in den festen Zustand beschränkt. Bei einigen Gefriervorgängen entstehen faszinierende Muster; die Eisblumen sind ein bekanntes Beispiel.

Es scheint, als würden die Eisblumen langfristig nur in den Schubertliedern überleben, in denen die aus eigener Anschauung erlebten und durch Wilhelm Müller (2001) in eine lyrische Form überführten floralen Muster besungen werden ➲ **86**.

Früher gehörten Eisblumen zum winterlichen Alltag, wie es beispielsweise von Theodor Fontane beschrieben wurde: „Es war ein ziemlich kalter Tag und draußen lag fußhoher Schnee. Drinnen aber war es behaglich ... Dem Ofen zunächst aber hockte die Jeschke, während Line weitab an dem ganz mit Eisblumen überdeckten Fenster saß und sich ein Guckloch gepustet hatte, durch das sie nun bequem sehen konnte, was auf der Straße vorging" (Fontane 2003, 64f). Seitdem die Wohnungen mit Zentralheizungen und wärmedämmenden Doppelscheiben ausgestattet sind, werden Eisblumen immer seltener.

Man kann die Schönheit der Eisblumen noch stärker hervortreten lassen, indem man sie im polarisierten Licht durch eine Polarisationsfolie hindurch betrachtet, wie sie beispielsweise in bestimmten Polaroid-Sonnenbrillen vorhanden ist. Dann entfalten sie auch noch eine Farbenpracht ➲ **87**.

Eisblumen entstehen, wenn die Temperatur der Fensterscheibe den Gefrierpunkt deutlich unterschreitet. Die schönsten Formen bilden sich bei etwa −2 °C aus. Vorher ist die Tempe-

86 Eisblumen in ihren typischen floralen Mustern.

ratur der Scheibe bereits unter den Taupunkt gefallen. Das ist die Temperatur, bei der Wasserdampf in Form winziger Tröpfchen flüssig wird. Diese Tröpfchen kristallisieren dann an der kalten Scheibe zu Eis. Unter bestimmten Bedingungen bleibt der Zwischenschritt der Kondensation aus; Wasserdampf geht dann auf direktem Wege in Eis über, er resublimiert.

Beides, sowohl die Kondensation von Dampf zu Wasser als auch die Resublimation zu Eiskristallen, wird durch das Vorhandensein von Keimen (z. B. Schmutzpartikel) stark begünstigt. Die jeweilige unsichtbare Struktur des Schmutzbelags ist oft die Grundlage für die Formenvielfalt der Eisblumen. Sauberkeit und Sterilität sind hier jedenfalls keine guten Bedingungen für Schönheit.

Gefrierendes oder resublimierendes Wasser bildet zunächst winzige Kristalle in einer für Wassermoleküle charakteristischen sechseckigen Struktur aus. Die so entstehenden hexagonalen Prismen beginnen sich beim weiteren Wachstum an den hervorstehenden Kanten zu verzweigen, denn die Wahrscheinlichkeit,

Doch an den Fensterscheiben,
Wer malte die Blätter da?
Ihr lacht wohl über den Träumer,
Der Blumen im Winter sah?

Wilhelm Müller

dass die als Wasserdampf erratisch umherdiffundierenden Teilchen auf den Kristall stoßen und hängenbleiben, ist an diesen exponierten Stellen am größten. Hinzu kommt, dass an den so entstehenden Auswüchsen die bei der Erstarrung frei werdende Sublimationsenergie leichter abgegeben werden kann als in den weiter innen liegenden „geschützten" Stellen. Die Entsorgung der Abwärme trägt also wesentlich zur Strukturbildung bei.

Je länger die Kristallspitzen werden, desto stärker nimmt aber die Wahrscheinlichkeit zu, dass sich auch an ihren Flanken Kristalle anlagern. Diese Kristalle wachsen abermals zu Ästen aus, die sich erneut verzweigen usw., so dass farnartige Strukturen entstehen. Ganz

87 Im polarisierten Licht durch ein Polarisationsfilter betrachtet, erstrahlen Eisblumen in bunten Farben.

zum Schluss gefrieren auch noch die Zwischenräume und es entstehen blattartige Muster. Aus dem Zusammenwirken von Zufall (Struktur des Schmutzuntergrunds, Diffusion der Wasserpartikel) und Notwendigkeit (hexagonale Kristallgitter aufgrund der Symmetrie der Wassermoleküle) ergeben sich Strukturen, die sich zwar ähneln, aber in den konkreten Details ganz unterschiedlich sind, wie es bei botanischen Blumen und Blättern auch der Fall ist: „Alle Gestalten sind ähnlich, und keine gleicht der andern; / Und so deutet das Chor auf ein geheimes Gesetz, / Auf ein heiliges Rätsel" (Goethe 1948, 199). Heute weiß man, dass diese Ähnlichkeit analogen Strukturbildungsprozessen entspricht, wie sie im Rahmen der „fraktalen Geometrie" der Natur diskutiert werden (Mandelbrot 1987).

Fliegen in irisierender Farbenpracht

So unscheinbar Fliegen ansonsten auch sein mögen, so farbenprächtig treten viele Arten von ihnen in Erscheinung. Diese Farben sind nicht nur besonders glänzend, sie ändern sich auch noch je nach Blickwinkel.

„Über den metallischen Glanz der Farben nachzudenken. Er findet sich in der Natur ohne Metalle, beim Goldkäfer und vielen anderen Insekten, bei den Gold- und Silberfischen, den Kolibris, an der Pfauen-Feder." Das schreibt Georg Christoph Lichtenberg (1971, L 788) in sein Sudelbuch und spricht damit ein Phänomen an, das heute aktueller Forschungsgegenstand ist (Vukusic 1998). Es geht dabei um eine besondere Art der Farbentstehung, die man physikalisch beschreiben und im Sinne der Bionik technisch verfügbar machen möchte.

Normalerweise versteht man unter der Farbe eines Objekts die Pigmentfarbe. Sie kommt durch die Anwesenheit chemischer Pigmente zustande, die Licht bestimmter Wellenlängen absorbieren und den Rest reflektieren oder durchlassen. Im Fall der Fliege aber hat man es mit Strukturfarben zu tun, das heißt: Das innerhalb der Struktur des Materials mehrfach reflektierte und sich anschließend überlagernde Licht ruft einen Farbeindruck hervor. Pigment- und Strukturfarben können auch am selben Objekt auftreten und zu einer besonderen Art der Farbmischung führen. Wenn etwa eine blaue Farbe durch Interferenz in einer Struktur entsteht, dessen Oberfläche gelbe Pigmente enthält, so ergibt sich eine grüne Färbung.

Bei der Fliege **88** wird das einfallende weiße Licht an der oberen Grenzschicht teilweise reflektiert. Der nicht reflektierte Teil durchdringt den Flügel und trifft auf die untere Grenzschicht zwischen Flügel und Luft. Es wird dort abermals teils durchgelassen und teils reflektiert; der reflektierte Teil läuft zurück und trifft sich mit dem bereits an der oberen Grenzschicht reflektierten Licht **89**.

Aufgrund des Weges durch den Flügel ist die Phase des unten reflektierten Lichts gegenüber der des an der Oberfläche reflektierten Lichts verschoben. Die Größe der Phasendifferenz hängt ab von der Flügeldicke, dem Brechungsindex des Flügels, dem Einfallswinkel und der Farbe (Wellenlänge) des Lichts.

Wenn das Licht zweier sich überlagernder Strahlen einer bestimmten Wellenlänge in Pha-

88 Eine kleine Fliege, bei der die an sich transparenten Flügel je nach Blickwinkel in verschiedenen Farben erstrahlen.

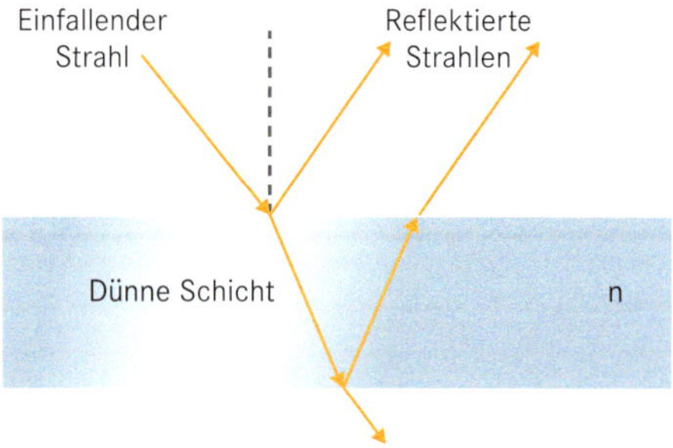

89 Schematische Darstellung der Interferenz an dünnen Schichten.

se ist, also Wellenberge und Wellentäler genau aufeinander zu liegen kommen, wird ein heller Reflex hervorgerufen (konstruktive Interferenz). Wenn die Strahlen außer Phase sind, löschen sie sich teilweise oder ganz aus (destruktive Interferenz).

Dadurch ändert sich die farbliche Zusammensetzung des Sonnenlichts, so dass aus dem Rest der Farben eine andere Mischfarbe als Weiß entsteht. Die unterschiedlichen Farbstreifen auf den dünnen Flügeln lassen daher Rückschlüsse auf die variierende Flügeldicke zu. Die Interferenzstreifen werden auch „Interferenzen gleicher Dicke" genannt, weil für alle

Es war ihr klein Köpfgen grün,
Und ihr Cörperchen vergüldet,
Ihrer klaren Flügel Par,
Wenn die Sonne sie beschien,
Färbt' ein Roth fast wie Rubin,
Das, indem es wandelbar,
Auch zuweilen bläulich war.

Barthold Heinrich Brockes (1680 - 1747)

Stellen gleicher Dicke die Interferenzbedingungen gleich sind, so dass dort aus dem gleichen Blickwinkel dieselbe Farbe zu sehen ist. Interessant ist noch die Symmetrie der Färbung beider Flügel, die darauf schließen lässt, dass beide Flügel die gleiche Form und Dicke haben (siehe auch: „Farben feiner Risse").

Neben den farbig erscheinenden Flügeln zeichnet sich auch der Chitinpanzer der Fliege (besonders gut zu erkennen 90) durch eine metallisch glänzende Farbe aus. Auch hier handelt es sich um eine Strukturfarbe, wie am Changieren und Schillern der Farbe bei der realen Fliege zu erkennen ist. Der Panzer ist weder transparent noch sehr dünn, hat aber eine vielschichtig strukturierte Oberfläche, bestehend aus geordneten Abfolgen paralleler dünner Schichten, an denen – wenn Schichtdicke, Brechungsindex und Einfallswinkel passen – eine noch stärkere konstruktive Interferenz entsteht 91. Folglich werden sehr viel reinere und intensivere Farben reflektiert, als es durch bloße Pigmentierung möglich wäre. Man beobachtet ähnliche Strukturfarben bei vielen anderen Tieren wie Schmetterlingen, Motten, Käfern, Vögeln usw.

Als der Barockdichter Barthold Hinrich Brockes (1970, 120) diese eindrucksvollen Farberscheinungen sehr genau beobachtete und auf unnachahmliche Weise lyrisch beschrieb, waren die Naturwissenschaftler noch dabei, die wellentheoretischen Grundlagen dieser Erscheinungen zu erarbeiten. ▸I

90 Eine Fliege mit einem blau-grün-gelb-rot changierenden Panzer.

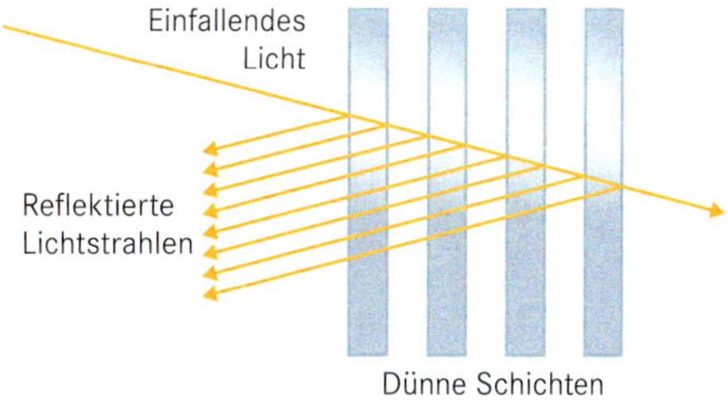

91 Schematische Darstellung der aus mehreren Schichten bestehenden Oberfläche des Rumpfes der Fliege. (Die Parallelverschiebung des Lichtstrahls durch Brechung in den einzelnen Schichten wurde nicht eingezeichnet.)

Unerwartete Farben in transparenter Blumenfolie

Transparente Zellophanfolie, wie man sie beispielsweise zum Einwickeln von Blumensträußen benutzt, kann den Blumen ästhetisch durchaus Konkurrenz machen. Voraussetzung ist allerdings, dass man sie im Lichte des blauen Himmels auf einer gläsernen Unterlage betrachtet.

Nach dem Auswickeln der Blumen aus der transparenten Folie lege ich diese zufällig auf einen Glastisch vor dem Fenster im diffusen Tageslicht. Was sich mir dann darbietet, ist geeignet, die Schönheit der Blumen noch zu überbieten. Denn die im Glas reflektierte Folie erscheint in bunten Farben, die je nach Blickwinkel und Anzahl der durch die Knitterung entstandenen Lagen changieren **92**.

Bei der näheren Untersuchung des Phänomens fällt zunächst auf, dass das Tageslicht eine wichtige Rolle spielt. Als ich am Abend den Effekt im Lichte der Glühlampe demonstrieren wollte, waren die Farbeffekte verschwunden. Aber auch die Glasscheibe des Tisches, in der sich die Folie spiegelt, trägt wesentlich zu dem Farbspiel bei, denn die Farben tauchen nur in der „Spiegelwelt" der Scheibe auf. Himmelslicht, Folie und Reflexion wirken offenbar in außergewöhnlicher Weise zusammen.

92 Blumenfolie auf einem Glastisch. Oben sieht man die transparente, Himmelslicht reflektierende Folie. Im unteren Bereich die in lebhaften Farben leuchtende im Glastisch gespiegelte Folie.

93 Lyonel Feininger: Gaberndorf.

Licht, das aus einer Himmelregion kommt, die etwa im rechten Winkel zur Sonnenstrahlrichtung liegt, hat eine besondere Eigenschaft: Es ist zum Teil linear polarisiert. Dies lässt sich mit einer Polarisationsfolie, wie sie beispielsweise in einer polarisierenden Sonnenbrille enthalten ist, leicht nachprüfen: Blickt man durch die Folie auf das Himmelslicht, so stellt man durch Drehen fest, dass sich die Intensität des Lichts ändert. Die stärkste Änderung tritt in einem Bereich senkrecht zur Einstrahlrichtung der Sonne auf. Dort ist das Licht am stärksten polarisiert. Physikalisch gesehen liegt (linear) polarisiertes Licht dann vor, wenn die dem Licht zugrunde liegenden elektromagnetischen Wellen nur in einer bestimmten Ebene schwingen. Bei normalem, unpolarisiertem Licht ist die Schwingungsrichtung beliebig.

Das teilweise polarisierte, weiße Licht passiert also die Blumenfolie und wird an der Glasscheibe reflektiert. Dabei findet eine abermalige Polarisation statt, die unter einem bestimmten Winkel (dem Brewster-Winkel) maximal wird. Um in den Genuss besonders intensiver Farben zu kommen, nimmt man diesen Blickwinkel fast automatisch ein.

Offenbar hat die transparente Folie das polarisierte Licht in einer Weise verändert, wie es ansonsten nur von bestimmten (doppelbrechenden) Kristallen bekannt ist.

Tatsächlich erhält die Folie bei der Herstellung eine Struktur, die zu einer von der Wellenlänge abhängigen Drehung der Schwingungsebene des hindurchfallenden Lichts führt. Bei konstanter Dicke der Folie werden die Schwingungsebenen von Licht unterschiedlicher Wellenlängen unterschiedlich stark gedreht. Dementsprechend werden die verschiedenen

Nun, nun", sagte der Graf, „das beste Gemälde ist ja, in allzu großer Nähe betrachtet, nichts als eine Sammlung von bunten Flecken."

Achim von Arnim

Wellenlängen des weißen Lichts unterschiedlich stark geschwächt und überlagern sich daher zu farbigem Licht.

Die Abhängigkeit der Drehung vom Lichtweg und damit von der Dicke der Folie erkennt man auch sehr deutlich an den Farbwechseln an Stellen, an denen das Licht durch unterschiedlich viele Faltungen der Folie hindurchgeht. Hier wird die Foliendicke der Zahl der Lagen entsprechend vervielfältigt.

Durch die Knitterfalten der Blumenfolie ergeben sich scharf begrenzte farbige Flächen mit deutlichen Farbabgrenzungen zu den Nachbarflächen, die in einem ästhetisch ansprechenden Kontrast mit den sanften Farbübergängen innerhalb der einzelnen Flächen stehen. Die Farbeindrücke erinnern an Gemälde von Lyonel Feininger ➔ **93**. Dem kreativen Spiel mit den Folien sind jedenfalls kaum Grenzen gesetzt. Beispielsweise lässt sich im polarisierten Licht eines LCD-Bildschirms auch ohne blauen Himmel experimentieren. Außerdem kann man durch gezieltes Übereinanderlegen von einzelnen Folienblättern systematisch bestimmte Farben erzeugen.

Die Farben in den transparenten Blumenfolien können uns sowohl mit der Kunst als auch mit der Physik in Verbindung bringen. Voraussetzung dafür ist natürlich, dass wir sie wahrnehmen und uns über sie wundern. „Es ist nützlich, wenn wir lernen, uns über die richtigen Dinge zu wundern. Oft wundern wir uns über das Erstaunlichste nicht, weil es uns seit langem bekannt ist und darum selbstverständlich scheint" (Weizsäcker 1985, 23). ▸|

Am Wasser

Seltsame Schattenlinien

Farbige Netzwerke im Wasser

Farbige Schattensäume im Wasser

Ein strahlenförmiger Heiligenschein

Moderne Kunst im Hafenbecken

Wellenringe lassen tief blicken

Wenn der Pool ins Schwimmen gerät

Farben feiner Risse

Das Schwert der Sonne

Seltsame Schattenlinien

Auf leicht welligem Wasser kann man unter bestimmten Bedingungen dunkle Streifen entdecken, die einige Gemeinsamkeiten mit Lichtbahnen aufweisen. Merkwürdig ist jedoch, dass sie gerade dann auftreten, wenn die Sonne nicht (mehr) scheint und nur noch Dämmerlicht vorhanden ist.

94 Dunkle „Stacheln" auf leicht welligem Wasser.

Der scheinbare Schattenrand einer Brücke auf dem leicht welligen Wasser des Arno in Florenz ist mit langen spitzen dunklen „Stacheln" besetzt 94. Schaut man sie sich genauer an, so lassen sich die Stacheln einzelnen Erhebungen – meist am Brückenrand stehenden oder gehenden Menschen – zuordnen.

Der sich auf den ersten Blick aufdrängende Gedanke, es handele sich hier um Schatten, muss auf den zweiten Blick wieder verworfen werden. Denn Schatten, zumal so scharfe Schatten, wie man sie hier zu sehen vermeint, setzen eine näherungsweise punktförmige Lichtquelle voraus. Man erinnere sich dazu nur daran, dass an einem bedeckten Tag, wenn der Himmel als einzige Lichtquelle alles mehr oder weniger gleichmäßig von allen Seiten beleuchtet, keine Schatten beobachtet werden.

Auch im vorliegenden Fall kommt als Lichtquelle nur der Westhimmel in Frage, der aufgrund des gerade vorausgegangenen Sonnenuntergangs in einem milden Rotton schimmert. Ein weiteres Argument gegen den Schatten ist die Tatsache, dass ein transparentes Medium wie das vorliegende einigermaßen klare Flusswasser gar keinen Schatten auffangen kann (siehe jedoch: „Farbige Schattensäume im Wasser").

Da das Wasser weitgehend die Farbe des Himmels angenommen hat, wird klar, dass der Fluss wie ein riesiger Spiegel wirkt. Ein Spiegel bildet die umgebenden Objekte, ob hell oder dunkel, mehr oder weniger naturgetreu ab. Es handelt sich demnach nicht um Schatten, sondern um spiegelnde Reflexionen der sich auf der Brücke befindlichen Personen und anderer Erhebungen.

Doch warum werden die gespiegelten Abbilder so in die Länge gezogen? Um dies zu erklären, muss auf das Phänomen des Sonnenschwerts auf dem Wasser verwiesen werden, das von der untergehenden Sonne hervorgerufen wird (siehe: „Das Schwert der Sonne"). Es kommt, kurz gesagt, dadurch zustande, dass aufgrund der Welligkeit der Wasseroberfläche das Licht nicht an genau einer Stelle reflektiert wird, an der nämlich bezüglich des Beobachters der Einfallswinkel gleich dem Reflexionswinkel ist, sondern gleichzeitig von vielen Stellen aus zum Betrachter gelangt. Die Wellenflanken verhalten sich gewissermaßen wie winzige geneigte Spiegel, die auch noch an anderen Stellen, vornehmlich ein Stück entlang der Verbindungslinie Lichtquelle–Beobachter, passende Reflexionswinkel aufweisen.

Neben den Lichtbahnen heller Objekte wie Straßenlaternen beobachtet man, wie unmittelbar einleuchtet, auch „Lichtbahnen" der dunklen Objekte, die sich genauso verhalten 118 (in „Das Schwert der Sonne"). Zwar geht von den dunklen Objekten kaum Licht aus, aber die verhältnismäßig schmalen dunklen Objekte reißen schmale „Löcher" ins Licht.

Ein finsterer Punkt kann ein Bild formieren, weil von der Stelle kein Licht kömmt, wo er sitzt.

Georg Christoph Lichtenberg

Sie verhindern die Reflexion des Lichts nicht nur an der Stelle, an der man diese bei einem ebenen Spiegel erwarten würde, sondern auch an Stellen, die wegen der unterschiedlichen Neigungen der Wasserwellen zusätzlich Licht ins Auge des Betrachters reflektiert hätten. Die hellen und die dunklen Bahnen auf dem Wasser verhalten sich also in gewisser Weise komplementär – wie Licht und Schatten.

Anders als echte Schatten sind diese „Schattenschwerter" wie die „Lichtschwerter" immer auf den Beobachter gerichtet und verfolgen ihn, wenn er seine Position verändert. Echte Schatten hingegen sind stets von der Lichtquelle weggerichtet. Leonardo da Vinci muss diese Schattenschwerter auch schon beobachtet haben, wenn er sagt: „Die Schatten oder besser die im bewegten – das heißt leicht gewellten – Wasser gespiegelten Gegenstände werden immer größer erscheinen als der Gegenstand außerhalb des Wassers, von dem sie herkommen" (DA VINCI 1990, 265).

104 Die auf den ersten Blick psychedelisch anmutenden Farben sind nichts als spiegelnde Reflexe eines Schiffs auf dem glatten, aber leicht gewellten Wasser im Hafenbecken.

Moderne Kunst im Hafenbecken

Farben- und formenreiche Lichtspiele auf dem bewegten Wasser eines Hafenbeckens sind einfach schön anzuschauen; außerdem aber können sie als faszinierendes Lehrstück der geometrischen Optik wahrgenommen werden, in dem die Eigenschaften gekrümmter Spiegel in all ihren Variationen durchkonjugiert werden.

„Eine Spiegelung verbirgt dir die Welt, dieser Spiegelung wohnt ein wildes Wasser inne, das nie aufhören wird, sie aufzurühren; dabei ist es die Welt, die das Wasser und folglich die Spiegelung trübt. Das Trugbild verwischt das Reale, das es verwischt; und dieser ungewisse Kampf führt nie zu einem Ergebnis" (SARTRE 1994, 60). Vielleicht ist es genau dieses Ergebnislose, das uns zum Verweilen einlädt, wenn auf einer sanft bewegten Wasseroberfläche Spiegelungen der umgebenden Welt immer wieder neue Formen und Farben durchprobieren.

Von dieser Dynamik kann Abbildung **104** nur ein unvollkommenes Bild vermitteln. Hier ist die Bewegung der Wasseroberfläche durch das Foto stillgestellt und wir sehen nur eine Momentaufnahme aus dem ständigen Wechsel. Aber wir können diese Reduktion der Komplexität nutzen, um uns ein Bild von der Entstehung dieser Lichtmalerei zu machen.

Glatte Wasseroberflächen spiegeln zuweilen die umgebenden Gegenstände mit einer Perfektion, die es schwierig macht, Original und Spiegelung zu unterscheiden **105**. Bereits eine ordinäre Pfütze kann davon eindrucksvoll Zeugnis ablegen. Wichtig ist dabei, dass die Welligkeit der Wasseroberfläche nicht so stark ist, dass sich die Spiegelungen von

105 Eine Spiegelung im Wasser. Nur wenn man genau hinsieht, wird man bemerken, dass das Bild auf dem Kopf steht.

106 Bei nur sanft bewegtem Wasser bleibt der gespiegelte Gegenstand erkennbar.

geraden Linien bereits in sichtbaren Krümmungen bemerkbar machen.

Wenn solche Krümmungen auftreten, dann beobachtet man verzerrte Spiegelungen. Bei leicht bewegtem Wasser sind diese Verzerrungen nur klein und die Spiegelungen lassen das Original noch erkennen **106**. Wenn die Verzerrungen zu groß werden, gehen die vertrauten Formen in eine an abstrakte Kunst erinnernde Struktur über **104**.

Fasst man die derart bewegte Wasseroberfläche als Abfolge von hohl- und wölbspiegelartigen Deformationen auf, so kann man bei kleinen Krümmungen (großen Krümmungsradien) davon ausgehen, dass sich der Betrachter innerhalb der Brennweite der Hohlspiegel befindet und alles so sieht wie bei einem ebenen Spiegel, nur mehr oder weniger stark verzerrt. Bei einer großen Krümmung der bewegten Spiegelelemente sieht der Betrachter die gespiegelten Ansichten jedoch von außerhalb der Brennweiten der Hohlspiegel und nimmt folglich Teile der gespiegelten Gegenstände umgedreht wahr, so dass die Kohärenz des gespiegelten Objekts (z. B. eines Bootes) als solches vollends verloren geht.

Hinzu kommt, dass Teile des gespiegelten Objekts gleichzeitig von mehreren Stellen aus ins Auge des Betrachters reflektiert werden. Diesen Sachverhalt kennt man in einfacherer Version vom Schwert der Sonne (siehe: „Das Schwert der Sonne"). Indem das Licht der Sonne aufgrund des Vorhandenseins zahlreicher passender Neigungen von vielen Stellen der Wasseroberfläche aus gleichzeitig ins Auge des Betrachters reflektiert wird, entsteht der Eindruck einer ausgedehnten Lichtbahn. Dasselbe Phänomen wird natürlich auch von anderen hellen Lichtquellen wie Mond, Straßenlaternen oder hellen Gegenständen hervorgerufen und trägt insbesondere zur weiteren Erhöhung der Komplexität der hier diskutierten spiegelnden Reflexionen bei.

Wenn das Licht eines scharf begrenzten Objekts relativ steil auf die Wellentäler und -berge einfällt, kann die Deformation des Spiegelbildes sogar zu geschlossenen Ringen führen, wie es in Abbildung **104** deutlich zu erkennen ist. Dies ist insbesondere dann der Fall, wenn die gespiegelten Objekte linienförmig sind wie Schiffsmasten, Taue usw.

Wir finden die Kunst Werke der Natur desto angenehmer, je mehr sie denen der Kunst ähneln.

Joseph Addison

Im Wasser werden die Dinge zu Motiven, die sich oft bis zur Unkenntlichkeit verzerrt wiederholen und in der Negation ihres Ursprungs Neues und Unerwartetes hervorbringen. Einzelheiten werden kaleidoskopartig zu abstrakten Mustern zusammengefügt, die zwischen verschiedenen, aber auf selbstähnliche Weise sich wiederholenden Grundstrukturen changieren: Hier manifestiert sich nach Bewegungsform und Geschwindigkeit die stochastische Symmetrie der hin und her schwankenden Wellen des Wassers. „Und man senkt den Blick, man betrachtet das Unbedeutende, unsere heutige Schönheit, diese im Entstehen und Vergehen begriffene Schönheit" (SARTRE 1994, 137). ▸|

Wellenringe lassen tief blicken

Ob ein Stein oder ein Tropfen auf eine Wasseroberfläche fällt, macht insofern keinen Unterschied, als in beiden Fällen Systeme von Ringwellen entstehen. Und doch „erzählen" die Ringe in beiden Fällen ihre ganz eigene physikalische Geschichte.

„Wie um einen Kiesel, den, wenn man ihn in einen See wirft, auf der Wasseroberfläche konzentrische Kreise umgeben, ordnen sich neun Himmel um den großen Stein Erde" (WEBER 2004, S. 86). Anne Weber geht davon aus, dass das Phänomen der Ringwellen auf einer glatten Wasseroberfläche jedem so präsent ist, dass es als Metapher für eine globale Perspektive auf unser Sonnensystem taugt.

Schaut man genauer hin, so wird man feststellen, dass die durch den eintauchenden Kiesel herausgelösten winzigen Wassertropfen weitere kleinere Ringwellensysteme erzeugen, die ihrerseits den See mit konzentrischen Ringen überziehen, so als wollten sie damit ein großes Zeichen ihres kurzen Daseins setzen 107.

Der ins Wasser geworfene Stein löst zunächst eine chaotische „Urwelle" aus, die als Überlagerung eines ganzen Spektrums von Wellen unterschiedlicher Wellenlänge angesehen werden kann. Dies hat schon Leonardo da Vinci beobachtet, wenn er schreibt: „Die Welle ist die Auswirkung eines Schlages ... Sie ist nie allein, sondern immer gemischt mit soviel andern Wellen, als der Gegenstand, an dem diese Welle entsteht, Unebenheiten aufweist" (DA VINCI 1940, 497).

Aus dieser Beobachtung kann man schließen, dass die so entstandenen Wellen eine von der Wellenlänge abhängige Ausbreitungsgeschwindigkeit besitzen. Die großen Wellen sind schneller als die kleinen, so dass sie den kleineren vorauseilend ein System nach Größe gestaffelter konzentrischer Kreise bilden. Und

107 Bei Schwerewellen bewegen sich die mit der größeren Wellenlänge schneller (links). Bei Kapillarwellen sind die kleineren Wellenlängen die schnelleren.

wenn schließlich die kürzeste Welle ihren flinkeren Vorgängerinnen hinterhereilt, lässt sie dieselbe unbewegte Wasseroberfläche zurück, die der Stein kurz vorher durchbrach.

Auch die kleineren Satellitensysteme zeichnen sich durch eine nahezu perfekte Anordnung der Wellen aus. Allerdings bringen sie **107** (rechts und oben) unsere schöne Erkenntnis wieder ins Wanken: Hier eilen nicht die größeren den kleinen, sondern die kleinen den größeren voraus, geradeso als regierten bei den großen Wellen die größten und bei den kleinen die kleinsten. Wie kommt es dazu?

Die Störung, die das Wellensystem im Zentrum von Abbildung **107** hervorgerufen hat,

> Winzige kreisförmige Wellen trugen das Wasser des Sees ans Ufer, als seien sie von weit her dorthin entsandt.
>
> *Alessandro Baricco*

ist relativ groß – ein handgroßer Stein. Demgegenüber sind die Wellensysteme oberhalb davon die Folge von wesentlich kleineren Störungen, nämlich von Wassertropfen, die beim Auftreffen des Steins aufspritzten.

Durch größere Einwirkungen werden vor allem Schwerewellen hervorgerufen. Bei ihnen bestimmt der Auftrieb als rückwirkende Kraft bezüglich der „Auslenkung" der Wasseroberfläche das Schwingungsverhalten. Bei kleineren Störungen hingegen liefert die Grenzflächenspannung die rückwirkende Kraft, wodurch sogenannte Kapillarwellen entstehen.

In beiden Fällen hängt also die (Phasen-)Geschwindigkeit von der Wellenlänge ab. Wie in der Optik spricht man auch hier von Dispersion. Die Abhängigkeit der Lichtgeschwindigkeit von der Wellenlänge etwa beim Übergang von Luft in Glas äußert sich bei weißem Licht in einem ähnlich eindrucksvollen Phänomen wie bei den Wellenringen auf dem Wasser: Es wird in seine Spektralfarben zerlegt. Die Zunahme der Phasengeschwindigkeit mit der Wellenlänge wird wie beim Durchgang des Lichts durch ein Prisma als normale Dispersion bezeichnet. Da sich die Kapillarwellen genau umgekehrt verhalten, spricht man in dem Fall von anomaler Dispersion.

Während uns beim Licht die farbige Dispersion ästhetisch anspricht, kommt die Schönheit bei Wasserwellen eher in der subtilen Ordnung der konzentrischen Kreise zum Ausdruck, mit

108 Die Verzerrungen des gespiegelten Baumstamms zeichnen einen Querschnitt durch die Wellen auf.

der sie gemächlich und unbeirrt über die Wasseroberfläche laufen, auch wenn diese vielleicht bereits durch ein zweites Wellensystem gekräuselt ist. Interessanterweise erkennen wir die Wellen erst durch die oft eindrucksvollen wellenförmigen Deformationen der auf dem Wasser gespiegelten Umgebung **108**.

Übrigens trügt der Eindruck, dass die Wellen Wasser über den See tragen. Die Wasserteilchen bewegen sich kollektiv auf geschlossenen Bahnen auf und ab und „treten" gewissermaßen auf der Stelle. Deshalb wird ein auf der Wasseroberfläche driftendes Blatt auch nur angehoben und wieder abgesenkt, wenn sich eine Welle unter ihm weg bewegt.

Wenn der Pool ins Schwimmen gerät

Das von unter Wasser befindlichen Gegenständen ausgehende Licht wird an der Grenzfläche zwischen Wasser und Luft gebrochen. Die Stärke der Brechung hängt vom Winkel ab, unter dem man ins Wasser blickt. Bei sehr flachem Winkel kann es zu merkwürdigen Ansichten kommen.

Ein ungewöhnlicher Anblick **109**: Hat man es hier mit einem zum Vordergrund hin in die Tiefe stürzenden Beckenboden zu tun, oder wurde die Aufnahme des Swimmingpools mit einem Graphikprogramm bewusst verzerrt? Weder noch, wie jeder leicht nachprüfen kann, wenn er sehr flach durch die Wasseroberfläche eines Gewässers blickt. Schon Plato wusste: „Ein Gegenstand erscheint uns gerade, wenn wir ihn außerhalb des Wassers, gekrümmt, wenn wir ihn im Wasser sehen. Wir sind vielen solchen Sinnestäuschungen ausgesetzt. Das beste Mittel dagegen ist das Messen, Zählen und Wägen. Dadurch wird die Herrschaft der Sinne über uns beseitigt“ (PLATO 1991).

Seiner Forderung folgend, haben die Physiker gemessen und gezählt und das Brechungsgesetz gefunden. In einer ziemlich einfachen Fassung besagt es, dass ein Lichtstrahl, der aus einem optisch dichteren in ein optisch dünneres Medium übergeht, vom Einfallslot weg gebrochen wird.

Die Brechung lässt sich in vielen alltäglichen Situationen beobachten. Sie ist uns so selbstverständlich geworden, dass sie uns oft gar nicht mehr auffällt. So erscheint beispielsweise der Boden einer Tasse mit Wasser deutlich angehoben, wenn man einmal genau hinschaut **110**. Mit einer Münze auf dem Boden einer Tasse lässt sich dies eindrucksvoll in Szene setzen. Blickt man schräg in die leere Tasse, so dass die Münze gerade eben von der Tassenwand verdeckt ist, wird sie plötzlich sichtbar, wenn man die Tasse mit Wasser

109 Hügellandschaft unter Wasser oder bloße Täuschung?

füllt. Der Boden und mit ihm die Münze werden optisch angehoben und geraten so in den unveränderten Blickwinkel des Beobachters. Die Stärke der optischen Hebung hängt von der Position und dem Blickwinkel ab. Schaut man unter einem großen Winkel bezüglich der Senkrechten, also sehr flach, auf eine Wasseroberfläche, so ist die Hebung des Bodens viel deutlicher als bei einem kleinen Winkel; weiter entfernte Bodenflächen erscheinen daher stärker gehoben als nähere. Zeichnet man die scheinbare Lage P' eines Punktes P unterhalb der Wasseroberfläche für verschiedene Blickwinkel auf, so liegen diese Punkte P' auf einer charakteristischen Kurve 111.

110 Sehen Sie die Münze? Links in der leeren Tasse ist sie nur zu erahnen. Erst das Wasser sorgt dafür, dass sie mitsamt dem Tassenboden optisch angehoben und sichtbar wird.

Diese Änderung der optischen Hebung macht sich bei der Tasse kaum bemerkbar, weil die Variation des Blickwinkels vom vorderen bis zum hinteren Ende der Münze sehr klein ist. Nicht so bei größeren Wasserkörpern wie einem Swimmingpool: Hier überblickt man gleichzeitig einen großen Winkelbereich, so dass die ferneren Teile des Fliesenbodens optisch stärker gehoben werden als die näheren.

Die dadurch entstehenden scheinbaren Deformationen sind so gut zu erkennen, weil Beckenboden und -wände mit Fliesen belegt sind, die wie ein als invariant vorausgesetztes Gitternetz selbst kleine Verzerrungen sichtbar werden lassen. Bei einem natürlichen Gewässer ist es wesentlich schwieriger, die Hebung wahrzunehmen. Denn die tatsächliche

Der gerade Stecken erscheint im Wasser krumm.

Michel de Montaigne

Beschaffenheit des Bodens ist nicht bekannt, und ein rechtwinkliges Bezugssystem fehlt. Lediglich durch systematische Blickpunktänderungen könnten die optischen Verschiebungen des Bodens entlarvt werden. Aber dazu muss man schon wissen, was man sehen sollte.

In einem einfachen Experiment lässt sich die brechungsbedingte Täuschung durch die optische Krümmung eines Stabs vor Augen führen. Dazu eignet sich insbesondere ein Metermaß als Inbegriff einer quantitativ invarianten Gegebenheit. Legt man es auf den Boden eines möglichst großflächigen, mit Wasser gefüllten Behälters und blickt sehr flach darauf, so täuscht es nach allen Regeln der optischen Brechkunst über die wahren Verhältnisse hinweg. Und dass wir das auch noch beeindruckend finden, zeigt einmal mehr: „Der Geist des Menschen ist nun einmal so angelegt, daß der Schein ihn mehr fesselt als die Wahrheit" (Rotterdam 1509).

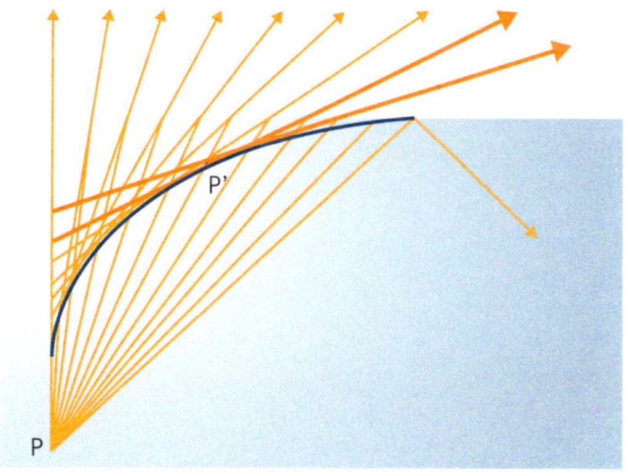

111 Die vom Punkt P ausgehenden Lichtstrahlen durchdringen die Wasseroberfläche mit unterschiedlichen Winkeln und werden daher unterschiedlich stark gebrochen. Treffen die fett gezeichneten Strahlen das Auge, dann sieht es diesen Punkt P im Schnittpunkt P' der geradlinigen Verlängerungen der Strahlen. Auf der blauen Kurve liegt die Gesamtheit der Schnittpunkte.

Farben feiner Risse

Eine gesprungene Eisschicht auf einem zugefrorenen See macht manchmal durch intensive Farben auf sich aufmerksam. Auch in anderen transparenten Medien wie in einer Glasscheibe oder einem Bergkristall lassen sich derartige Farben beobachten.

112 In prächtigen Farben glänzender Spalt in einer Eisschicht.

Die Entdeckung des Phänomens gelang mir ganz zufällig, als ich versuchte, ein Loch ins Eis zu schlagen, um die Dicke der Schicht festzustellen. Aber schon der erste Schlag brachte in den Eissprüngen, die sich von der Einschlagstelle her strahlenförmig ausbreiteten, derartig intensive, metallisch glänzende Farben hervor ➲ **112**, dass diese „Sprungfarben" viel interessanter wurden als die Dicke des Eises.

Die beim Schlag hervorgerufenen, meist sehr dünnen Risse oder Spalte füllen sich mit Luft, so dass sich eine Grenzschicht zwischen Eis und Luft ausbildet. Dieser Vorgang läuft mehr oder weniger schnell unmittelbar nach dem Schlag ab. Häufig wechseln sich verschiedene Spektralfarben in einzelnen Streifen ab. In manchen Fällen wird die Szenerie der Struktur des Bruchs entsprechend durch komplexere Farbmuster aufgelockert.

Auf die Details der Bruchmechanik soll hier nicht eingegangen werden. Unsere Aufmerksamkeit gilt den intensiven Farben, die stark an farbig schillernde Seifenblasen erinnern. In ihrer Ursache erweisen sich beide Phänomene denn auch als verwandt: In beiden Fällen handelt sich um Strukturfarben, die durch Interferenz hervorgebracht werden (siehe auch: „Farbringe auf verschmutzten Fensterscheiben" und „Fliegen in irisierender Farbenpracht").

Das durch die transparente Eisschicht hindurchtretende Sonnenlicht wird an der Grenzschicht zwischen Eis und Luftspalt teils in die Luftschicht hinein gebrochen, teils reflektiert. Das gebrochene Licht wird nach Durchlaufen der Luftschicht an der zweiten Grenzschicht zwischen Luft und Eis abermals teilweise gebrochen und reflektiert. Das reflektierte Licht tritt (teilweise) wieder in die erste Eisschicht ein und überlagert sich dabei mit dem an dieser Grenzschicht direkt reflektierten Licht. Weil

> Den schönsten Farbenschmuck erzielt die Natur durch Interferenzfarben ...Welche Aussichten würden sich der Malerei eröffnen, wenn es gelänge, eine handliche Interferenzfarben-Technik auszubilden!
>
> *Arnold Sommerfeld*

zwischen den sich überlagernden Teilstrahlen ein Wegunterschied und damit eine Phasendifferenz besteht, kommt es je nach Dicke des Luftspalts und des Blickwinkels für eine jede der im weißen Licht enthaltenen Wellenlängen

113 Blick auf die Kante einer gebrochenen Glasscheibe mit einem dahinter befindlichen Riss. Die Quasiperiodizität der Farben lässt auf eine entsprechende Bruchstruktur schließen.

zu destruktiver oder konstruktiver Interferenz. Dabei wird Licht der jeweiligen Wellenlänge ausgelöscht oder verstärkt. Infolgedessen ändert sich die Zusammensetzung des Lichts, so dass eine andere Mischfarbe als Weiß entsteht.

Die unterschiedlichen Farbstreifen im Spaltbereich lassen daher umgekehrt Rückschlüsse auf die variierende Spaltdicke zu. Die Interferenzstreifen werden auch *Interferenzen gleicher Dicke* genannt, weil für alle Stellen gleicher Dicke die Interferenzbedingungen die gleichen sind, so dass dort dieselbe Farbe auftritt.

Ein ähnlicher Effekt machte sich in früheren Zeiten bei mit Glas gerahmten Dias bemerkbar. Obwohl er für die Betrachtung des Dias eher störend war, kam es vor, dass er als eindrucksvolles Farbspiel mit dem Motiv des Dias in Konkurrenz trat.

Kein Geringerer als Isaac Newton hat als Erster diese Interferenzen gleicher Dicke bei einer flachen konvexen Linse beschrieben, die auf einer ebenen Glasplatte aufliegt und im weißen Licht eine regelmäßige Abfolge farbiger konzentrischer, Newton'scher Ringe hervorruft.

Dieses Phänomen tritt in zahlreichen Alltagssituationen auf. Blickt man durch die Kante einer Glasscheibe auf einen Sprung in dieser Scheibe 113, so kann man ein farbenprächtiges Lichtband genießen. Und die irisierende Farbenpracht, hervorgerufen durch feine Risse in einem Bergkristall 114, ergänzt dessen natürliche Schönheit auf das Vollkommenste.

„Der Sprung als Bewegung über getrennte Dinge und als ‚Riß' im Glas, (zeigt) sich fortan durch einen Mißklang, ein Scheppern ..., dem man den Originalton der schönen heilen Welt nicht anhört" (REUCHER 1994). Diese normalerweise mit einem Riss verbundene Kakophonie kann vielleicht durch die Schönheit der Farben im gesprungenen Glas und Kristall eine optische Wiedergutmachung erfahren. ▸I

114 Angeschliffener Bergkristall mit feinen inneren, luftgefüllten Sprüngen, die ähnliche Interferenzfarben zeigen wie gesprungenes Eis oder Glas.

Das Schwert der Sonne

Die blendende Lichtbahn, die durch die tiefstehende Sonne auf das wellige Wasser eines Sees gemalt wird, ist wohl jedem vertraut. Physikalisch gesehen, geht es dabei um einen zugleich einfachen und komplexen Vorgang. Einfach deshalb, weil er auf die spiegelnde Reflexion zurückzuführen ist; Komplexität kommt durch die zahlreichen Reflexionen ins Spiel, aus denen sich die Lichtbahn zusammensetzt.

„Der Reflex auf dem Meer entsteht, wenn die Sonne sich neigt: Vom Horizont her schiebt sich ein blendender Fleck zum Ufer, ein Streifen aus tanzenden Glitzerpunkten; dazwischen verdunkelt das Mattblau des Meeres sein Netz ..., und der Sonnenreflex auf dem Meer wird ein schimmerndes Schwert, das sich vom Horizont heran bis zu ihm erstreckt" (CALVINO 1988, 18). So lässt Italo Calvino seinen Protagonisten Palomar ein Naturphänomen erleben, das einerseits so alltäglich ist wie die Sonne und andererseits faszinierende Aspekte der Wechselwirkung von Licht und Wasser zeitigt, bei der der beobachtende Mensch zum Teil des Phänomens wird 115.

Schon Leonardo da Vinci hatten es Lichtreflexionen auf dem Wasser angetan. Er formulierte ein ebenso einfaches wie überzeugendes Prinzip ihrer Entstehung: „Die unzähligen Bilder, welche die unzähligen Meereswellen von den ... Sonnenstrahlen zurückwerfen, erzeugen einen einheitlichen und weitreichenden Glanz auf der Meeresoberfläche" (DA VINCI 1940, 199).

Solange die Wasseroberfläche unbewegt ist, wird die Sonne wie in einem liegenden ebenen Spiegel reflektiert. Die gespiegelte Sonne scheint dann, dem Reflexionsgesetz entsprechend, an einer durch die Position von Sonne und Beobachter bestimmten Stelle aus den Tiefen des Spiegelraums heraus zu leuchten. Sobald die Wasseroberfläche durch Wellen aufgeraut wird, ändert sich die Situation: Jede Wellenflanke stellt nunmehr ein eigenes Spiegelelement dar, von dessen Neigung es abhängt, in welche Richtung das Sonnenlicht reflektiert wird.

> Nur wer an der goldenen Brücke für die Karfunkelfee das Wort noch weiß, hat gewonnen.
>
> *Ingeborg Bachmann*

Geht man von einer ungeordneten Verteilung sehr vieler Wellenflanken aus, so wird das Sonnenlicht – statistisch betrachtet – in alle Richtungen reflektiert. Ein auf die Wasseroberfläche blickender Beobachter empfängt das reflektierte Licht gleichzeitig von vielen Wellen; er sieht die Sonne gewissermaßen vieltausendmal gespiegelt. Erstaunlich und reizvoll

115 Schwert der Sonne in der klassischen Form einer langgezogenen Lichtbahn kurz vor Sonnenuntergang.

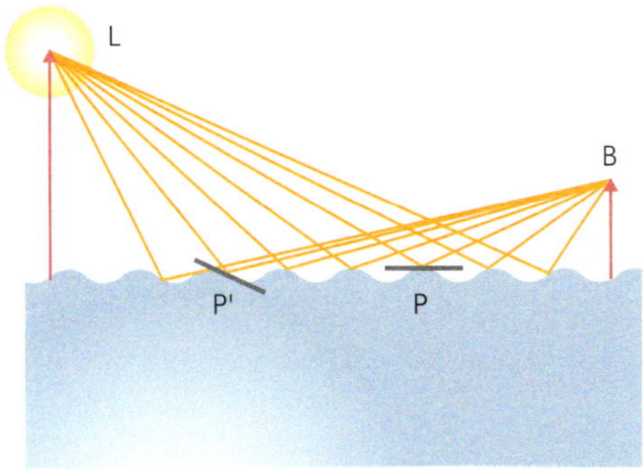

116 Lichtbahn eines sich zum Horizont hin öffnenden Dreiecks, das mit weiter sinkender Sonne immer schmaler wird.

zugleich ist dabei, dass das reflektierte Licht aus einem mehr oder weniger eng begrenzten Bereich kommt, der als Schwert der Sonne wahrgenommen wird.

Mit Hilfe einer Lampe, in geeigneter Höhe über einer ebenen Fläche angebracht, lässt sich die Form einer solchen Lichtbahn leicht untersuchen ➲ **116**. Blickt man durch ein Visierloch B auf die beleuchtete Fläche, so kann man mit einem kleinen Spiegel zunächst den Ursprung P der Lichtbahn ausmachen – den Punkt auf der Verbindungslinie zwischen den Fußpunkten von Beobachter B und Lichtquelle L, an dem das Spiegelbild der Lampe im flach liegenden Spiegel gesehen wird. Verschiebt man den Spiegel vom Ursprung weg in Richtung auf die Lichtquelle (P'), so muss man ihn zum Beobachter hin neigen, um das Spiegelbild der Lampe weiterhin sehen zu können; verschiebt man ihn zum Beobachter hin, so muss man ihn zur Lichtquelle hin neigen. Die Neigung muss umso größer sein, je weiter der Spiegel vom Ursprung entfernt wird.

Charakterisiert man die Stärke des Wellengangs durch eine maximale Neigung der Wellen, im Modell dargestellt durch eine maximale Neigung des Spiegels, so werden dadurch die äußersten Punkte der Lichtbahn bestimmt. Die Entfernung zwischen diesen Punkten ist gleich der Länge der Lichtbahn.

Um die Breite der Lichtbahn zu ermitteln, verschiebt man den Spiegel zu den Seiten und neigt ihn, bis der Maximalwinkel erreicht ist. Da das Licht von Punkten seitlich des Ursprungs nicht nur von unten nach oben, sondern auch von links nach rechts oder umgekehrt reflektiert werden muss, um ins Auge zu gelangen, ist pro Strecke eine stärkere Neigung erforderlich als in Längsrichtung. Die Lichtbahn hat daher die Form eines langgezogenen Ovals.

117 Jede vom Licht getroffene Wellenflanke wirkt wie ein geneigter Spiegel. Alle passend geneigten Flanken spiegeln das Licht ins Auge des Beobachters.

Wie eine Berechnung der Randkurve zeigt, entartet das Oval mit abnehmender Sonnenhöhe zu einer Art abgerundetem Dreieck ➲ **117**. Je tiefer die Sonne sinkt, desto mehr wird die Verbreiterung zum Horizont hin durch die perspektivische Verkürzung aufgehoben, so dass

118 Auch künstliche Lichtquellen rufen Lichtbahnen im welligen Wasser hervor (hier am Arno in Florenz).

wir bei tiefstehender Sonne eine schlanke Lichtbahn sehen 115.

Dass wir überhaupt ein zusammenhängendes Lichtschwert sehen, obwohl die Wellen in ständiger Bewegung sind und daher nur Lichtblitze ins Auge des Beobachters gelangen, verdankt sich der Trägheit des Auges. Die Lichtblitze wirken noch eine Zeit lang nach, während bereits der nächste Reflex aus nahezu derselben Richtung eintrifft. Wir nehmen dies als anhaltendes Flimmern wahr.

Lichtbahnen werden jedoch nicht nur von der Sonne und dem Mond hervorgerufen, sondern auch durch künstliche Lichtquellen 118: „Diese zuckenden Schwerter im Strom, von roten oder gelben Brückenlaternen ins Wasser geschlängelt, diese bleichen Monde der Bogenlampe in schwarzglänzend spiegelnder Feuchte" (MORGENSTERN 1976).

Außerdem beobachtet man Lichtbahnen nicht nur auf dem Wasser. Auch trockene Oberflächen bieten Möglichkeiten zu vielfacher Reflexion, wenn ihre Oberfläche aus unterschiedlich geneigten Flächen besteht 119. Es genügen sogar nur winzige Kratzer oder herstellungsbedingte Riefen, um das Licht in unterschiedliche Richtungen zu reflektieren und als Lichtbahn sichtbar zu machen.

Auf den ersten Blick glatt erscheinende Metall- und Holzoberflächen zeigen oft ausgeprägte Lichtbahnen: „Mein Blick fiel auf ein paar Straßenbahnschienen. Die Eisenstränge schimmerten im Sonnenlicht wie das Meer am frühen Abend. ... Und weil die Sonne rasch an Höhe verlor, konnte ich wie bei einem richtigen Meer das Wandern des Lichts beobachten. Die Sonne sank und sank, und ihr Schimmern zog von der äußersten Schiene rechts hinüber zur äußersten Schiene links, die mir am nächsten lag. Nach drei Minuten war alles vorbei. Hinterher waren die Schienen wieder grau und glanzlos." (GENAZINO 2000, 64)

Das Schwert der Sonne und anderer Lichtquellen auf den unterschiedlichsten Oberflächen bestimmen das Bild unseres Alltags, ohne dass sich die meisten Menschen dessen bewusst sind. Der Reiz dieses Naturphänomens besteht in den überraschenden, ästhetisch ansprechenden Formen. Wer sich darüber hinaus klarmacht, dass sich die komplexen Formen nach dem Prinzip „einfach, einfach, einfach ..." ergeben, nämlich aus der vielfachen Wiederholung einfacher Reflexionen, spürt vielleicht ein wenig vom Charme der physikalischen Sehweise. Und wer sich schließlich wie Herr Palomar davon beeindrucken lässt, sowohl Beobachter als auch Teil des Phänomens zu sein, wird des Zaubers teilhaftig, der dem Alltäglichen innewohnt. Denn ein jeder führt seine eigene Lichtbrücke mit, die nur er selbst begehen kann.

119 Fernsehturm in Berlin: Die auf einer Kugel angebrachten Metallkacheln reflektieren das Licht der Sonne der sphärischen Geometrie entsprechend in Kreuzform.

In der Luft

Wenn virtuelle Sonnenstrahlen real werden

Die Sonne führt ihre Hunde aus

Weiße Federn im blauen Himmel

Sonne und Vollmond in trauter Eintracht

Vollmond in farbiger Dämmerung

Spurenlesen am Himmel

Rote Sonne, blaue Berge

Wenn virtuelle Sonnenstrahlen real werden

Wenn das Sonnenlicht durch Lücken im Blätterdach von Bäumen oder Wolken fällt und die Luft von Staub oder Wassertröpfchen erfüllt ist, sieht man helle Streifen: Sonnenstrahlen. Sie werden dadurch sichtbar, dass das Licht an den winzigen „Sonnenstäubchen" seitlich heraus gestreut wird und auf diese Weise ins Auge des Betrachters gelangt.

„Lau und leise wehte der Wind über die Stoppelfelder, die Atmosphäre war voll feinen Staubes, den die Allverklärerin Sonne durchleuchtete und goldig schimmern ließ. Ihre Strahlen bildeten in dem beweglichen Element reizende kleine Milchstraßen, in denen Milliarden von winzigen Sternchen aufblitzten" (Ebner-Eschenbach 1990, 120). Die Dichterin hat genau beobachtet. Die aus dem Sonnenlicht ausgeblendeten Lichtstrahlen werden durch Staubkörnchen sichtbar, die das Licht vor allem nach vorn und zur Seite ins Auge des Betrachters streuen ➲ **120**.

Oft sieht es so aus, als würden die Lichtstrahlen von der Sonne ausgehend radial in alle Richtungen gestrahlt. Das ist aber eine optische Täuschung – denn die Sonnenstrahlen sind nahezu parallel. In größerer Entfernung scheinen sie nur näher beieinander zu sein als in der Nähe. Der Effekt ist ähnlich wie bei Bahnschienen, die zum Horizont hin zusammenzulaufen scheinen. Es handelt um eine perspektivische Verjüngung.

Manchmal sieht man divergierende Lichtstrahlen, die von einer Lichtquelle unterhalb einer Wasseroberfläche auszugehen scheinen und sich mit den Lichtstrahlen kreuzen, die von oben kommen ➲ **121**. Dieser ungewöhnliche Anblick verdankt sich der Tatsache, dass man gleichzeitig die realen von der Sonne kommenden Strahlen und die im Wasser gespiegelten Strahlen sieht. Da das Spiegelbild genau so weit hinter der spiegelnden Fläche liegt wie das gespiegelte Original davor, hat man den Eindruck, die reflektierten Strahlen kämen von einer unter dem Wasser liegenden Spiegelsonne. Beide Strahlensysteme, das reale und das virtuelle, scheinen sich – das eine von unten, das andere von oben kommend – an der Wasseroberfläche zu treffen. Mit anderen Worten: Neben dem direkten System aus Lichtstrahlbündeln sieht man dieses gleichzeitig in typischer Spiegelverkehrung an der Wasseroberfläche reflektiert. Und da man die virtuellen Strahlen nur durch die realen hindurch sieht, entsteht der Eindruck eines Lichtgitters. Dieser Eindruck wird noch dadurch verstärkt, dass die Wasseroberfläche wegen der nebligen Verhältnisse als solche kaum zu erkennen ist.

Aber was passiert mit den virtuellen, von der Spiegelsonne ausgehenden Strahlen, wenn sie die Wasseroberfläche von unten durchdringen? Sie werden real und bringen ihrerseits den Dunst und Nebel zum Leuchten. Sie kön-

120 Sonnenstrahlen, durch Lücken im Blätterdach der Bäume hervorgerufen und an Nebel gestreut.

121 Die von der Spiegelsonne kommenden, die Wasseroberfläche von unten durchdringenden virtuellen Strahlen setzen ihren Weg als reale Strahlen fort und werden ebenfalls an den Dunst- und Nebelteilchen sichtbar.

nen dabei sogar die echten Sonnenstrahlen durchdringen und auf diese Weise ein reales Strahlengitter hervorrufen **122**. Konventionell formuliert heißt das: Die Strahlen der Sonne werden an der Wasseroberfläche reflektiert und durchdringen, auf diese Weise umgelenkt, erneut Dunst und Nebel.

Zum Schluss noch ein Wort zur Sichtbarkeit der Sonnenstrahlen. Ebenso wie man Schall nur hört, wenn er in unsere Ohren dringt und die entsprechenden Sinneszellen erregt, kann man Licht nur sehen, wenn es in unsere Augen

> Wie die Lichtstäubchen dort den Sonnenstrahl hinantanzen, – in denen aller Geist sich einwebt oder auflöst.
>
> *Achim von Arnim*

fällt. Daher würden wir normalerweise von den Lichtbündeln, die durch die Löcher im Blätterdach der Bäume hervorgebracht werden und an unseren Augen vorbei auf der Wasseroberfläche landen, nichts sehen. Erst dadurch, dass das Licht an kleinen Partikeln, früher auch sehr poetisch als Sonnenstäubchen bezeichnet, in alle Richtungen gestreut wird, gelangt es in unsere Augen und macht genau die Stäubchen sichtbar, die sich im lichtdurchfluteten Bereich tummeln. Dies kann man sehr schön sehen, wenn in der Nähe aufgewirbelter Staub in einem Lichtstrahl erleuchtet wird **123**. Dieses Spiel der Sonnenstäubchen wird oft auch in der schöngeistigen Literatur angesprochen: „Ein einzelner Lichtstrahl fiel durch ein blindes Deckenfenster, durchschnitt das Zimmer und

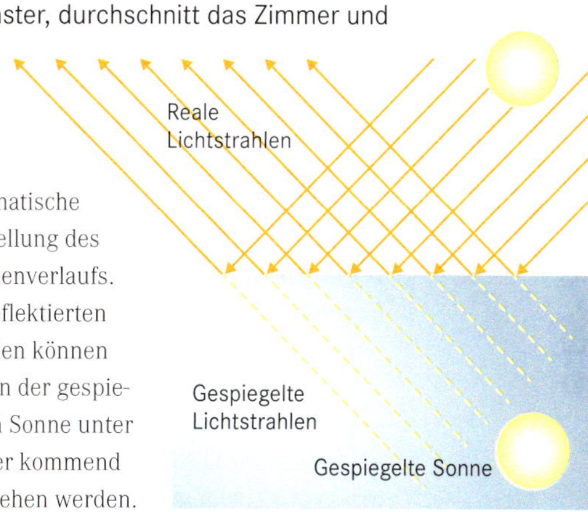

122 Schematische Darstellung des Strahlenverlaufs. Die reflektierten Strahlen können als von der gespiegelten Sonne unter Wasser kommend angesehen werden.

zeichnete einen hellen Kreis auf die Wand ... Im Innern des Lichtstrahls war ein Schwarm silberner Staubkörnchen eingesperrt und tanzte die Bewegungen eines nicht spürbaren Luftzugs nach“ (Kehlmann 2000, 124). ▸|

123 Sonnenstäubchen, die in einem breiten Lichtstrahl sichtbar werden.

128 Federartig strukturierte Cirruswolken.

Weiße Federn im blauen Himmel

Wolken sind der Inbegriff für das Formlose. Andererseits erinnern sie manchmal an Gesichter und Gestalten, und es lassen sich an bestimmten Wolkenformationen Hinweise auf meteorologische Entwicklungen ablesen.

„Der nächste Tag brachte blauen Himmel und Zirruswolken, die gezerrt und vom Licht verklärt eine Vorstellung von hoher Ferne erzeugten. Als Kind hatte er lange unter dem Blattwerk der Sommerbäume gelegen, neben Getreidefeldern, um den vorüberziehenden Wolken Formen und Gesichter zu geben" (Bornholm 1980, 112). Doch die Gestalten, die man in die Wolken hineinliest, sind sehr vorübergehend und werden schon bald durch andere ersetzt, weshalb Wolken geradezu als Inbegriff des Form- und Gestaltlosen angesehen werden.

Und dennoch sind diese „fliegenden Bilderrätsel" für Wetterfrösche und Meteorologen beschreibbar und zumindest teilweise lösbar. Schon der Laie weiß, dass nicht jede Wolke am Himmel schlechtes Wetter ankündigt. Behäbig dahinziehende Schäfchenwolken sind meist völlig harmlos und nehmen dem blauen Himmel einen Teil seiner Einförmigkeit. Bei faserartigen Cirruswolken, die in großer Höhe durch allerlei ungewöhnliche bis spektakuläre Formen auf sich aufmerksam machen, sieht es schon anders aus. Im abgebildeten Fall 128 handelt es sich um die Wolkenart Cirrus fibratus. An den Enden sind einzelne Verwirbelungen zu erkennen. Große Winde, die auf diese Weise ihr Spiel mit den Wolken treiben, kommen normalerweise nur in großen Höhen vor (über 6000 m). Die faserigen und zerzausten Enden der Wolken weisen in die Richtung des Windes. Die flockige Leichtigkeit, mit der der Wind die Wolken umtreibt, weist auf fein verteilte, kleine Eiskristalle hin, aus denen sie bestehen.

Die auffällig fast symmetrische Aufspaltung in zwei ähnlich aussehende Zweige lässt vermuten, dass sich die Eiskristalle in zwei Wirbeln mit entgegengesetztem Drehsinn befinden, die sich aufgrund der Dynamik nicht nur nicht miteinander vermischen, sondern sich sogar voneinander abstoßen.

Ähnliche gegensinnig rotierende Wirbel kann man manchmal auch bei großen Schornsteinen sehen, auch wenn es sich dort nicht

Sie schafft ewig neue Gestalten;
was da ist, war noch nie, – was war,
kommt nicht wieder –
alles ist neu, und doch immer das Alte.

Johann Wolfgang von Goethe

um Eiskristalle, sondern hauptsächlich um Nebelschwaden kondensierten Wasserdampfs handelt 129. Voraussetzung für die Entstehung solcher Zwillingswirbel ist, dass zwei etwa gleich große Gasportionen anfangs zufälligerweise entgegengesetzte Drehimpulse erhalten, die sich infolge der Beschleunigung der Gase zu mächtigen Wirbeln auswachsen.

Wolken sind letztlich aus dem unsichtbaren Wasserdampf entstanden, der mit der an der Erdoberfläche erwärmten Luft in die Höhe getragen wird. Wenn der Wasserdampf zusammen mit der Luft aufsteigt, sinkt die Temperatur und infolgedessen nimmt die maximale Luftfeuchte (Wasserdampfkonzentration) ab, bis sie schließlich den Wert der absoluten Luftfeuchte unterschreitet. Dann kondensiert der überschüssige Wasserdampf zu Wassertröpfchen, die sich in einer Wolke zusammenballen. In größeren Höhen können die Tropfen sogar zu Eiskristallen gefrieren. Während feuchte warme Luft aufsteigt, muss im Mittel genauso viel kalte und daher meist trockene Luft absinken. Bereits beim Absinken erwärmt sich die kalte Luft, weil sie unter den zur Erdoberfläche hin zunehmenden Luftdruck gerät. An der warmen Erdoberfläche erwärmt sie sich weiter, bis ihre Dichte so stark abgenommen hat, dass sie erneut aufsteigt. Luft und Wasser durchlaufen ständig einen Kreislauf.

In einer Wolke können sich je nach Größe erhebliche Wassermassen in allen Aggregatzuständen befinden. Dass uns die Wolken dennoch nicht auf den Kopf fallen, wird zum einen dadurch verhindert, dass die Wassertropfen in der Wolke teilweise durch Aufwinde mit nach oben gerissen werden. Die Aufwinde werden vor allem durch die Wärme angefacht, die bei der Kondensation des Wasserdampfs zu zahllosen Tröpfchen frei wird. Zum anderen verdunsten aus der Wolke herausfallende Tropfen, weil sie wieder in wärmere Schichten geraten.

Ändern sich die meteorologischen Verhältnisse, so kann es zu auffälligen Formveränderungen und interessanten dynamischen Mustern kommen, von denen Georg Christoph Lichtenberg meint: „Die Form der Wolken war dieses Jahr so außerordentlich merkwürdig, daß selbst Leute nach dem Himmel sahen, die sonst nur hinsehen, wenn sie eine Pension von dort erbitten wollen" (LICHTENBERG 1967, 386). ▸|

129 Zwillingswirbel an einem Schornstein.

Sonne und Vollmond in trauter Eintracht

Weil Sonne und Mond dieselbe scheinbare Größe haben, gibt es Situationen, in denen sie miteinander verwechselt werden können. Das ist insbesondere dann der Fall, wenn die Sonne spiegelnd reflektiert wird und das Spiegelbild in seiner Helligkeit der des Mondes vergleichbar ist.

Auf einer Busfahrt konnten wir die langsam aufgehende Sonne erleben. Plötzlich rief einer: „Guckt mal raus, Sonne und Mond!" Die Illusion, Sonne und Vollmond direkt nebeneinander zu erleben, sollte nur kurze Zeit dauern, dann wurde klar, dass uns hier in den Fensterscheiben des Busses etwas vorgespiegelt wurde. In dem Moment war so schnell kein Fotoapparat bereit. Dazu ergab sich aber später eine Gelegenheit 130.

Wer nur ein wenig darüber nachdenkt, dem wird klar, dass der Vollmond nur dann gesehen werden kann, wenn er der Sonne direkt gegenüber liegt. Beim Aufgang des Vollmonds geht die Sonne unter. Sonne und voller Mond sind nur dann gemeinsam zu sehen, wenn der Mond bereits aufgegangen ist und die Sonne noch nicht untergegangen ist. Dann kann der Mond aber genau genommen gar nicht mehr für ganz voll genommen werden. Aber das ist mit bloßem Auge nicht zu sehen.

Die Mondillusion wird in Abbildung 130 besonders dadurch bestärkt, dass man zumindest schemenhaft so etwas wie das pockennarbige Gesicht des Mondes zu sehen glaubt. Dieser vermeintlichen Struktur des Mondes entspricht auf verdächtige Weise das Fehlen der Zweige und Äste der Bäume vor der Sonne. Es sieht so aus, als würden sie vom linken zum rechten Himmelkörper verpflanzt. Spätestens diese Feststellung könnte die Idee nahe legen, man habe es hier mit einer Spiegelung der Sonne zu tun, die direkt neben der realen Sonne

130 Vollmond neben der Sonne?

zu sehen ist. Diese Deutung war während der Busfahrt ziemlich schnell zur Hand. Denn wegen der Veränderung des Blickwinkels durch den fahrenden Bus wurden wir direkt darauf gestoßen. In der Beschreibung der in Abbildung 130 dargestellten Situation muss man sich diese Deutung erst einmal erarbeiten.

In der Tat haben wir es mit einer Spiegelung zu tun. Sie ist dadurch entstanden, dass das Foto durch ein Fenster mit einer Doppelglasscheibe gemacht wurde. Das helle Sonnenlicht wird von der inneren der beiden Scheiben zur äußeren Scheibe reflektiert und von dieser erneut in Richtung auf die innere Scheibe zurückgeworfen. Der Rest, der dann durch die innere Scheibe hindurchgeht, erreicht unser Auge. Natürlich wird bei jedem Durchgang durch eine Scheibe an jeder Grenzfläche nur ein kleiner Bruchteil reflektiert. Das meiste Licht geht nach wie vor durch. Die Verschiebung des reflektierten Bildes der Sonne kommt durch den leicht schrägen Einfall der Sonne zustande. Bei senkrechtem Einfall würden Original und Spiegelbild natürlich zusammenfallen.

Der Mond sah dieses gar nicht gern;
Die Sonne, wie ihm deuchte,
Die habe sich hinwegzuscher'n,
Wenn man sie nicht mehr bräuchte.
„Das ist doch keine Art!" sprach er,
Wo ich doch hier schon leuchte!"

Lewis Carroll

Die enorme Intensitätsverminderung durch die zweifache Reflexion des Lichts führt dazu, dass man die „Nebensonne" ohne geblendet zu werden betrachten kann. Demgegenüber ist die Helligkeit der direkt gesehenen Sonne so groß, dass unsere Augen beziehungsweise der Chip der Kamera teilweise ihren Dienst versagen. Der Grund ist folgender: Normalerweise werden Gegenstände den Gesetzen der geometrischen Optik entsprechend farb- und helligkeitstreu auf der Netzhaut des Auges abgebildet. Sehr helle Objekte erregen unsere Rezeptoren aber so stark, dass deren Sättigungsgrenze überschritten wird. Dann greift die Erregung auch auf benachbarte Sinneszellen über, und Objekte erscheinen ebenfalls hell, obwohl sie – wie im vorliegenden Fall die Äste vor der Sonne – dunkel sind. Über einen vergleichbaren technischen Mechanismus aktiviert die übergroße Helligkeit nicht nur die direkt betroffenen, sondern auch benachbarte Pixel des CCD-Chips unserer Kamera. Man spricht in diesem Zusammenhang von Irradiation oder Blooming.

131 Die Irradiation ist nicht nur im direkten Sonnenlicht zu sehen. Das an den Bahnschienen reflektierte Licht erzeugt einen ähnlichen Effekt.

Ein weiterer Grund für die Täuschung mag darin gelegen haben, dass beide Himmelskörper dieselbe scheinbare Größe haben. Und wenn die Intensität der Sonne wie auch immer stark reduziert wird, drängt sich leicht der Eindruck auf, man habe es mit dem Mond zu tun: „Wenn sie ihren Kopf in den Nacken legte, verschwand die Sonne hinter dem orangenen Vorhang und sah aus wie eine Kopie des Mondes, gelb und zerfasert, fast ausgewaschen" (Helminger 2007, 197).

Vollmond in farbiger Dämmerung

Farbige Dämmerungserscheinungen verdanken sich denselben Vorgängen wie das Himmelblau. Sie entstehen bei tiefstehender Sonne, wenn das Sonnenlicht durch eine dicke und dichte Atmosphärenschicht hindurchmuss und dabei durch Streuung vor allem blaues Licht eingebüßt hat. Manchmal dämmert es aber auch an Stellen, an denen man es nicht erwartet.

Als ich am Ende eines Nachtflugs nach Johannesburg (Südafrika) aufwachte und den ersten Blick durch das Fenster tat, dämmerte es bereits. Das Land unter uns lag zwar noch im tiefen Schatten, aber das Flugzeug hier oben wurde bereits von den von Gelb bis Rot changierenden Strahlen der Morgendämmerung getroffen; ich dachte, gleich würde die Sonne am Horizont auftauchen. Doch dann stutzte ich, denn auch der volle Mond am Himmel begrüßte mich aufs Herzlichste 133. Kann das sein? Sonne und Mond auf derselben Seite? Nein, aber offenbar gibt es auch eine farbige Dämmerung am gegenüberliegenden Horizont (siehe: „Sonne und Vollmond in trauter Eintracht").

Diese Gegendämmerung ist von der Erdoberfläche kaum so ausgeprägt zu erleben wie hier in großer Höhe, aber meistens doch deutlich zu erkennen. Aber wer wendet sich schon von einem farbenprächtigen Sonnenaufgang ab und blickt in die entgegengesetzte Richtung?

Die Nacht, von der Morgendämmerung bedrängt,
zog sich in ihre Schlupfwinkel zurück.

Henning Ahrens

Und selbst, wenn man es tut, beobachtet man meist von der Intensität her nur einen schwachen Abglanz der echten Dämmerung.

Dass wir die Atmosphäre überhaupt als eine die Hemisphären überspannende Lichtquelle wahrnehmen, verdanken wir der Lichtstreuung (siehe: „Rote Sonne, blaue Berge"). Da bei tiefstehender Sonne der Weg des Sonnenlichts durch die Atmosphäre lang ist, hat es seine kurzwelligen Anteile (vor allem Violett, Blau, Grün) verloren, so dass langwellige Anteile (Gelb, Rot) dominieren. Aber das Licht wird mit unterschiedlicher Intensität in die verschiedenen Richtungen gestreut. Die Intensität des an der Atmosphäre zurückgestreuten ist wesentlich geringer als die des nach vorn gestreuten Lichts. Daher ist das meist gelbe und rote Licht aus der Gegenrichtung der aufgehenden Sonne viel unauffälliger.

Unterhalb der Dämmerung ist ein dunkles blaues Band zu erkennen. Es handelt sich dabei um der Schatten der Erdkugel, den diese auf tieferliegende Bereiche der Atmosphäre wirft. Je höher die Sonne steigt, desto weiter

132 Vollmond in der Dämmerung?

133 Kombiniert mit einer Blaufärbung der Gebäude ist das Phänomen des „Alpenglühens" auch beim Sonnenaufgang über Johannesburg zu bewundern.

sinkt dieser Schatten hinab und ist schließlich selbst aus der Höhe des Flugzeugs nicht mehr zu sehen. Dass die Sonne auf der gegenüberliegenden Seite aufgeht, kann man übrigens auch am Schatten erkennen, der sich auf der Tragfläche abzeichnet.

Vielleicht fällt dem einen oder anderen noch auf, dass der Mond mit zwei in diagonale Richtung weisenden Lichtschweifen versehen ist. Dies könnte Zweifel daran nähren, dass es sich überhaupt um den Mond handelt. Aber bevor die Spekulation in eine andere Richtung geht, soll auf ein weiteres Indiz hingewiesen werden, das für den Mond spricht: ein weißer Reflex auf der Tragfläche des im rotgelben Umfeld auffallend weißen Monds.

Doch woher stammen die Lichtschweife? Sie entstehen dadurch, dass das Mondlicht durch die Kunststoffscheiben der Flugzeugfenster hindurchmuss, um unser Auge oder die Kamera zu erreichen. Dabei wird es an zahlreichen winzigen Kratzern gebrochen, die die Scheibe überziehen. Dementsprechend kommt auch etwas Licht aus anderen Richtungen.

Beim Landeanflug auf Johannesburg konnte man dann noch ein „urbanes" Naturphänomen beobachten, das „Alpenglühen" in einer Großstadt ⮊ **133**. Ähnlich wie Felswände und Schneeflächen im Gebirge vom rötlichen Licht des Sonnenauf- oder -untergangs geradezu entflammt werden, während die Täler noch oder schon im Dunkeln liegen, reflektieren hier die von den Sonnenstrahlen erfassten Wolkenkratzerfronten das rötliche Sonnenlicht. Deutlich zu erkennen sind auch die Schattenbereiche, die vorwiegend die Farbe des blauen Himmels reflektieren. Der Philosoph und Schriftsteller Jean Paul Sartre erlebte ein ähnliches Phänomen in Venedig und beschreibt es folgendermaßen: „Eine Hoffnung: ein falscher, irgendwo aus einer Abwesenheit entstandener Sonnenstrahl – eine bloße Brechung der Leere – zündet die kupferne Fortuna auf der Weltkugel der Dogana an, läßt das seifige Weiß von Santa Maria schäumen, ...er streicht mit einem kraftlosen Finger über die ausgetrockneten Fassaden und läßt das ganze Rosenbeet erblühen" (SARTRE 1994, 249). ▸I

Spurenlesen am Himmel

134 Die Flugzeuge haben scheinbar dasselbe Ziel.

Kondensstreifen sind ein typisches Naturphänomen der wissenschaftlich-technischen Welt. Sie sind so etwas wie kristallene Spuren von Flugzeugen, aus denen man mit physikalischem Blick einiges herauslesen kann.

„Zwei winzige Flugzeuge durchschnitten ihren Hintergrund in drei Teile. Wäre dieser Hintergrund kurz in seiner Ausdehnung, würde der Mittelteil auf die Erde stürzen, dachte Karl-Friedrich. Aber die Flugzeuge bewegten sich endlos langsam, und die drei Teile wuchsen weit hinten bereits nach und nach wieder zusammen, ehe das Ende des Himmels auf der anderen Seite erreicht war. Die weißen Nähte verschwanden." (Helminger 2007, 258). Solche und ähnliche Gedanken können einem kommen, wenn man diese Himmelsmalerei kontemplativ betrachtet. Dass uns Teile des Himmels auf den Kopf fallen könnten, macht uns vielleicht weniger Sorge, als dass es zu Zusammenstößen der Flugzeuge kommen könnte, die diese Linien ziehen. Denn die Linien kommen sich oft verdammt nahe und scheinen sich manchmal sogar am Horizont zu treffen ➔ 134. Was kann man mit einfachen Überlegungen über das Geschehen am Himmel herausfinden?

Kondensstreifen sind künstliche Wolken aus Eiskristallen in 8 – 12 km Höhe. Sie entstehen durch den gefrierenden Wasserdampf, der ein wesentlicher Bestandteil der Abgase der in diesen Höhen verkehrenden Flugzeuge ist. Da der maximal mögliche Feuchtegehalt der Atmosphäre mit abnehmender Temperatur abnimmt, wächst die Wahrscheinlichkeit, dass es zur Kondensation des überschüssigen Wasserdampfs bzw. zur Bildung von Eiskristallen kommt, bei den in diesen Höhen herrschenden Temperaturen von – 40 °C bis – 70 °C.

Je nach den optischen Eigenschaften der Kondensstreifen, die im Wesentlichen durch Anzahl, Größe und Form der Eiskristalle bestimmt werden, wird das Sonnenlicht mehr oder weniger stark gestreut. Bei starker Streuung und weiteren günstigen Bedingungen bleiben die hellen Streifen über längere Zeit sichtbar ➔ 135.

Ein Aspekt des Spurenlesens in den Kondensstreifen könnte darin bestehen, ihre Höhe zu ermitteln. Verfolgt man die Spur von Flugzeugen vom Zenit bis zum Horizont und misst die Zeit, die dazu nötig ist, so erhält man typischerweise einen Wert von 20 min. Das kommt einem sehr lange vor und bestätigt den Eindruck, dass sich die Flugzeuge „endlos langsam" bewegen. Macht man sich jedoch klar,

135 Von der Erdoberfläche aus gesehenes Flugzeug zieht Kondensstreifen hinter sich her.

dass man bei der Beobachtung des Fliegers einen riesigen Himmelsabschnitt überblickt, so muss man sich eigentlich umgekehrt darüber wundern, wie schnell er tatsächlich vorankommt.

Jeder, der einmal in solchen Höhen geflogen ist, weiß durch die Ansagen des Kapitäns, dass die Geschwindigkeit über 900 km/h betragen kann. Geht man im vorliegenden Fall von einer typischen Reisegeschwindigkeit von 850 km/h aus, so hat das Flugzeug in 20 min ca. 280 km zurückgelegt. Hiermit kann anhand einer kleinen Rechnung die Flughöhe abgeschätzt werden **136**. Man erhält einen Wert von 6,1 km.

Das ist angesichts der Einfachheit der Abschätzung ein recht guter Wert. Die Unterschätzung der wahren Höhe des beobachteten Flugzeugs ist durch die Unmöglichkeit bedingt, auf dem Lande bis zum „wahren" Horizont auf Meereshöhe zu blicken.

Das erstaunliche Phänomen, dass die Kondensstreifen alle auf einen Punkt zulaufen, bedeutet nicht etwa, dass sich dort der nächste Flughafen befindet. Denn erstens ist die Erde eine Kugel, und daher sind die Kondensstreifen genau genommen Kreisabschnitte, die hinter dem Horizont verschwinden. Zweitens laufen die Kondensstreifen ebenso wenig aufeinander zu wie Eisenbahnschienen in der Ferne. Die Konvergenz ist lediglich eine Folge der perspektivischen Verkürzung.

Kondensstreifen haben sich inzwischen trotz ihres wissenschaftlich-technischen Ursprungs als Naturphänomene etabliert. Moderne Schriftsteller nutzen sie ebenso zur

> Ich sah wie anscheinend aus eigener Kraft, ein Kondensstreifen quer durch das von meinem Fenster umrahmte Stück Himmel zog.
>
> *W. G. Sebald*

Projektion ihrer inneren Befindlichkeiten wie Sonnenuntergang und Regenbogen. „Ich habe diese weiße Spur damals für ein gutes Zeichen gehalten, fürchte aber jetzt in der Rückschau, daß sie der Anfang gewesen ist eines Risses, der seither durch mein Leben geht. Die Maschine an der Spitze der Flugbahn war so unsichtbar wie die Passagiere in ihrem Inneren" (Sebald 1997, 29). ▸|

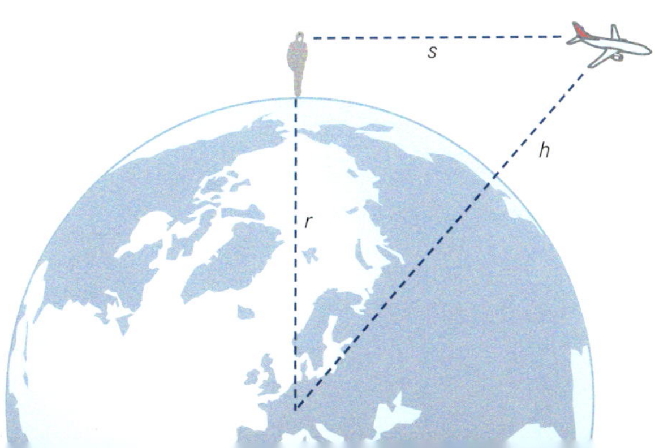

136 Wenn man das Flugzeug am Horizont in einer Höhe h verschwinden sieht, überblickt man eine Entfernung s, die wir näherungsweise gleich der vom Flugzeug zurückgelegten Strecke setzen. Mit dem Satz des Pythagoras gilt dann $(r+h)^2 = r^2 + s^2$, wobei r der Erdradius ist ($r = 6380$ km). Nun kann man weiter vereinfachend h^2 gegenüber r^2 vernachlässigen und erhält für die Höhe: $h = s^2/(2r) = 6{,}1$ km.

Rote Sonne, blaue Berge

Wenn wir bei Sonnenauf- oder -untergang zum östlichen oder westlichen Horizont blicken, weichen die gewohnten Blautöne des Himmels vor den Rottönen zurück. Betrachten wir entfernte Berge, so erscheinen sie uns hingegen im Blauschimmer zu verschwinden.

Ein alter Schlager beginnt mit den Worten: „Von den blauen Bergen kommen wir …“ Wieso eigentlich von den blauen Bergen? Sind die nicht grün, wenn sie bewaldet sind, und eher grau, wenn man auf die Felsen blickt? Doch wenn die Berge weiter entfernt sind, werden sie von einem blauen Dunst überzogen 137. Schuld daran ist das Himmelsblau.

Das Himmelsblau entsteht durch die Streuung von weißem Sonnenlicht an den Dichteschwankungen der Luftmoleküle. Der Durchbruch zur korrekten physikalischen Erklärung gelang Lord Rayleigh im Jahre 1871. Demnach wird der kurzwellige Anteil des weißen Sonnenlichts stärker gestreut als der langwellige mit der Konsequenz, dass uns aus allen anderen Himmelsrichtungen als der der Sonne himmelsblaues Licht erreicht (Rayleigh-Streuung). Violettes Licht wird zwar noch stärker gestreut, aber da es nur einen kleinen Ausschnitt im Sonnenspektrum besetzt und das menschliche Auge für Blau empfindlicher ist als für Violett, dominiert das Blau.

Elisabeth“, sagte er, „hinter jenen blauen Bergen liegt unsere Jugend. Wo ist sie geblieben?“

Theodor Storm

Aufgrund dieses Streuvorgangs verhält sich die Atmosphäre wie eine die Hemisphären umspannende indirekte Beleuchtung, die für das Leben auf der Erde von großer Bedeutung ist. Denn anders als beispielsweise auf dem Mond ist es auf der Erde auch im Sonnenschatten hell, weil dieser Bereich vom Himmelslicht beleuchtet wird. Ohne den hellen Himmel wäre es im Schatten stockdunkel. Das Himmelsblau sorgt auch dafür, dass Schatten auf weißen Untergründen blau sind, obwohl man das meist nicht wahrnimmt.

Da das direkte Sonnenlicht beim Durchgang durch die Atmosphäre Violett- und Blauanteile verliert, müsste es uns rötlich erscheinen. Bei hoch stehender Sonne merken wir jedoch davon nichts. Erst wenn sie sich dem Horizont nähert und die Strahlung einen sehr langen Weg durch dichte Atmosphären-

137 Blau erscheinende Berge. Deutlich zu erkennen sind die zunehmenden Weißanteile im Licht bei wachsender Entfernung.

schichten zurücklegen muss, bevor sie das Auge des Beobachters erreicht, hat sie so viel an kurzwelligem Licht verloren, dass die Gelb- und Rottöne dominieren. Das Ergebnis sind oft eindrucksvolle Illuminationen der Wolken im Morgen- und Abendrot ➡ **138**.

Einen nahezu entgegengesetzten Effekt kann man am Tage beobachten, wenn uns entfernte Berge in abgestufter Blaufärbung erscheinen. Sollte man nicht erwarten, dass auch entfernte Berge einen schwachen Rotschimmer annehmen? Schließlich unterliegt auch das von ihnen kommende Licht der Rayleigh-Streuung. In der Tat wird auch in der Luft zwischen den Bergen und dem Beobachter das kurzwellige Licht stärker als das langwellige Licht gestreut. Aber das von den Bergen ausgehende Licht ist von vergleichsweise geringer Intensität und wird mit zunehmender Entfernung immer schwächer. Entscheidend ist, dass zwischen Beobachter und Bergen eine mit dem Abstand zunehmende dichte Luftschicht liegt, die vor

138 In Gelb- und Rottönen entflammter Himmel kurz nach Sonnenuntergang.

dem relativ dunklen Hintergrund der Berge vor allem blaues Licht aussendet. Dass man das Blau erst ab einer bestimmten Schichtdicke der Luft sieht, hat schon der Dichter Jean Paul bemerkt, wenn er darauf hinweist, dass „nicht aus einem Zimmer voll Luft, sondern erst aus der ganzen Höhe der Luftsäule ... das Ätherblau eines Himmels geschaffen werden" kann (JEAN PAUL 1996, 48).

Schaut man sich die hintereinander gestaffelten Berge genauer an, so fällt auf, dass mit der Entfernung die Sättigung des Blaus trotz der wachsenden Luftschicht dazwischen abnimmt und das Licht immer blasser erscheint. Darin kommt zum Ausdruck, dass man in horizontaler Richtung durch dicke und dichte Luftschichten blickt, die stark durch Aerosole und Wassertröpfchen „verunreinigt" sind. Da diese Teilchen die Luftmoleküle wesentlich an Größe übertreffen, überwiegt bei ihnen die sogenannte Mie-Streuung, die weitgehend unabhängig von der Wellenlänge des Lichts erfolgt. Daher entsteht vorwiegend weißes Streulicht, welches das Blau der Luft verwässert. Bei sehr großen Entfernungen kommt außerdem die Streuung des gestreuten Lichts hinzu (Mehrfachstreuung), durch die auch langwellige Anteile hinzugemischt werden. Die Mehrfachstreuung ist auch ein wesentlicher Grund dafür, dass der Himmel beim Blick zum Horizont ein helleres Blau aufweist als beim Blick nach oben 139. Dieses Phänomen hat übrigens schon Leonardo da Vinci beobachtet. Es wurde und wird in der Malerei als Farbperspektive eingesetzt, um die räumliche Tiefe darzustellen. ▸I

139 Zum Horizont hin wird das Himmelsblau immer heller.

Anhang

Literatur

Albus, Anita: Farfallone. Ein Roman in Briefen. Frankfurt: Fischer 1991

Amato, Joseph A.: Von Goldstaub und Wollmäusen. Hamburg/ Wien: Europa Verlag 2001

Arnim, Bettina von: Werke und Briefe, Bd. 3. Frechen: Bartmann 1959

Aristoteles: Problemata Physica. Berlin: Akademie-Verlag 1962, Buch XV, Probl. 6 und 11

Baker, Nicholson: Eine Schachtel Streichhölzer. Reinbek: Rowohlt 2004

Blumenberg, Hans: Die Genesis der kopernikanischen Welt. Frankfurt: Suhrkamp 1981

Bornholm, Nicolaus: America oder Der Frühling der Dinge. Frankfurt: Suhrkamp 1980

Brecht, Bertolt: Das Leben des Galilei. In: ders. Gesammelte Werke 3. Frankfurt: Suhrkamp 1967, S. 1303

Brockes, Barthold Hinrich: Irdisches Vergnügen in Gott. Band 5. Bern: Herbert Lang 1970

Brockes, Barthold Hinrich; Im grünen Feuer glüht das Laub; Weimar: Gustav Kiepenheuer, o. J

Bourdouxhe, Madeleine: Gilles' Frau. München: Piper 1996

Caillois, Roger: Steine. München: Hanser 1983

Calvino, Italo: Herr Palomar. München: dtv 1988

Calvino, Italo: Cosmicomics. München: Hanser 1989

Cellini, Benvenuto, in: Goethes Werke. Hamburg: Gutenberg 1928

Cerman, Zdenek; Stosch, Anne Kathrin; Barthlott, Wilhelm: Der Lotus-Effekt. Selbstreinigende Oberflächen und ihre Übertragung auf die Technik. Biologie in unserer Zeit 2004, 34 (5), 290.

Chamisso, Adelbert von: Peter Schlemihls wundersame Geschichte. Stuttgart: Reclam Verlag 1986

Chargaff, Erwin: Unbegreifliches Geheimnis. Die Wissenschaft als Kampf für und gegen die Natur. Frankfurt: Luchterhand 1989

da Vinci, Leonardo: Fragmente zu einem Buch über das Wasser. Leonardo da Vinci. Frankfurter Rundschau, Sa 14. Sept. 1996, Nr. 215; Seite ZB 3

da Vinci, Leonardo: Sämtliche Gemälde und die Schriften zur Malerei. München: Schirmer/Mosel, München, 1990

da Vinci, Leonardo: Tagebücher und Aufzeichnungen. Leipzig: Paul List Verlag 1940, S. 161, (F61 v)(2)

da Vinci, Leonardo: Das Buch von der Malerei. Nach dem Codex vaticanus (Urbinas) 1270, hrsg., übers. und erläutert von Heinrich Ludwig. Stuttgart: Kohlhammer 1885

da Vinci, Leonardo: Der Nußbaum im Campanile. München: dtv 1991, S. 117

da Vinci, z. n. Kemp, Martin: Leonardo. München: Beck 2008

de Botton, Alain: Wie Proust Ihr Leben verändern kann. Frankfurt: Fischer 2003

Duhamel, Georges: Besitz der Welt. Zürich 1922

Ebner-Eschenbach, Marie von: Er läßt die Hand küssen, In: Meistererzählungen. Zürich: Manesse 1990

Ebner-Eschenbach, Marie von: Aphorismen. Stuttgart: Reclam 2002

Eichendorff, Joseph von: Werke. Bd. 2. München: Winkler 1970

Fontane, Theodor: Vor dem Sturm. Romane und Erzählungen in acht Bänden. Berlin und Weimar: Aufbau 1973

Fontane, Theodor: Unterm Birnbaum. In: ders. Eine Auslese. Wien: Tosa 2003

Genazino, Wilhelm: Das Licht brennt ein Loch in den Tag. Reinbek: rororo 2000

Goethe, Johann Wolfgang von: Maximen und Reflexionen. In: Werke (Berliner Ausgabe) Berlin: Aufbau 1960, Bd. 18, S. 504

Goethe, Johann Wolfgang von: Goethes Werke (Weimarer Ausgabe), Abt. II, Bd. 4. München: Deutscher Taschenbuch Verlag 1987

Goethe, Johann Wolfgang von: Goethes Werke I. (Hamburger Ausgabe) Hamburg: Christian Wegener 1948 ff

Goll, Yvan: z. n. Lesebuch A 11. Lyrik. Stuttgart: Klett 1973

Hauskeller, Michael: Was ist Kunst? Positionen der Ästhetik von Platon bis Danto. München: Beck 1998

Helminger, Guy: Etwas fehlt immer, Erzählungen. Frankfurt: Suhrkamp 2007

Hesse, Hermann: Lektüre für Minuten. Frankfurt: Suhrkamp 1971

Jean Paul: Sämtliche Werke, Abt. I, Bd. 5. München: Hanser 1996

Jun'ichiro, Tanizaki: Lob des Schattens. Zürich: Manesse 1987

Kehlmann, Daniel: Beerholms Vorstellung. Frankfurt: Suhrkamp 2000

Keller, Gottfried: Die Leute von Seldwyla, in: Werke Bd. IV. Atlantis 1971

Lee, R. L.; Hernandez-Andres, J.: Am. J. Phys. 2004, 72 (1), 53

Lehr, Thomas: Die Erhörung. Berlin: Aufbau Verlag 1995

Leibniz, Georg Wilhelm von: Neue Abhandlungen über den menschlichen Verstand, Berlin 1873

Lichtenberg, Georg Christoph: Schriften und Briefe. Sudelbücher I. München: Carl Hanser Verlag 1968

Lichtenberg, Georg Christoph: Schriften und Briefe. Sudelbücher II. München: Carl Hanser Verlag 1971

Lichtenberg, Georg Christoph: Schriften und Briefe Bd. IV, München: Carl Hanser Verlag 1967

Löns, Hermann: In: 4. Beilage des Hannover'schen Tageblatts, 4. Juni 1911, Hannover

Mann, Thomas: Zauberberg. Frankfurt: Fischer 1967

Mandelbrot, Benoit B.: Die fraktale Geometrie der Natur. Basel, Boston: Birkhäuser 1987

Morgenstern, Christian: Das große Christian-Morgenstern-Buch. München: Pieper 1976

Müller, Wilhelm: Winterreise. Zürich: Diogenes 2001

Mulisch, Harry: Die Entdeckung des Himmels. Reinbek: Rowohlt 2005

Musil, Robert: Der Mann ohne Eigenschaften. Reinbek bei Hamburg: Rowohlt 1978

Pirandello, Luigi: Caos, Gedanken, Skizzen, Überlegungen. Mindelheim: Sachon 1987

Plato: z. n. Kind, Phys. Bl. 47, 741 (1991)

Raabe, Wilhelm: Die Chronik der Sperlingsgasse. In: Ausgewählte Werke Bd. 1. Berlin und Weimar: Aufbau 1966

Reucher, Theo: Das Glas hat einen Sprung. Darmstadt: WBG 1994

Rilke, Rainer Maria: Die Sonette an Orpheus. In: Sämtliche Werke. Frankfurt 1976

Rimbaud, Arthur: Sämtliche Dichtungen. Franz. und dt. Übers. v. W. Küchler. Heidelberg 1978

Rotterdam, Erasmus von: Lob der Torheit, 1509

Ruskin, John: Modern Painters. Vol I., London: George Allen 1900

Salus, Hugo: Reigen. München: Albert Langen 1900, S. 19

Sartre, Jean-Paul: Königin Albemarle oder Der letzte Tourist. Reinbek: Rowohlt 1994

Schlegel, Friedrich: Werke. Kritische Ausgabe. München: Ferdinand Schöningh 1964

Schlichting, H. Joachim: Sonnentaler fallen nicht vom Himmel. Der mathematische und naturwissenschaftliche Unterricht 48/4, 199 – 207 (1995).

Schlichting, H. Joachim; Uhlenbrock, Markus: Der Heiligenschein auf dem Verkehrsschild. Physik in unserer Zeit 30/6 (1999) S. 259 – 260

Schmidt, Arno: Nebenmond und rosa Augen. Zürich: Haffmann 1991

Sebald, Winfried Georg Maximilian: Die Ringe des Saturn. Frankfurt: Fischer 1997

Simon, Claude: Anschauungsunterricht. Reinbeck: Rowohlt 1986

Strauß, Botho: Akzente 1992

Vollmer, Michael: Lichtspiele in der Luft. Heidelberg: Spektrum Verlag 2006

Vukusic, P. Bright Butterflies. Physics Review, 8 (1998) 2 – 7

Wagenschein, Martin: Erinnerungen für morgen. Eine pädagogische Autobiographie. Weinheim, Basel: Beltz 1983

Weber, Anne: Besuch bei Zerberus. Suhrkamp 2004

Weizsäcker, Carl Friedrich von: Der Aufbau der Physik. Stuttgart: Hirzel 1985

Whitman, Walt: Grashalme. Zürich: Diogenes 1985

Weyl, Hermann, z. n. Cole, K. C.; Das Universum in der Teetasse. Berlin: Aufbau 2001

Wittgenstein, Ludwig: Philosophische Untersuchungen. Frankfurt: Suhrkamp 2001